# METROPOLIS

## 大都会风格
## 与设计创新

广西师范大学出版社
·桂林·

images
Publishing

杨锋 编著

# 目 录 Contents

## ·都易设计策划团队·

编著：杨 锋

编写团队：杨锋、艾侠

齐丹丹、陈宇清、孙安顺、李静、何献敏、李晨

图书设计：柴怡谊

建筑摄影：吴清山、邬涛、是然摄影、绿风摄影

研究顾问：艾 侠

杨锋先生是都易设计的创始合伙人和首席建筑师，也是当代都市人居设计领域重要的代表人物之一。十五年来，他带领都易设计团队完成了数以百计的、在中国地产行业具有影响力和示范意义的作品，包括杭州万科西溪蝶园II、常州万科公园大道、广州万科欧泊、杭州万科金辰之光、重庆协信公馆、郑州建业贰号城邦等。这些佳作连续赢得了詹天佑设计奖、时代楼盘金盘奖、REARD全球地产设计大奖、CIHAF中国高端住宅设计奖等十多项荣誉。

近年来，杨锋先生的最大声誉来自他与万科集团深入合作研究的"大都会系列"建筑风格语言和产品设计体系。该产品体系将经典建筑美学与当代城市生活的时尚性、简约性、复杂性进一步结合优化，为下一轮城市地产的价值导向奠定了历史审美语境和未来演变的先机。

杨锋先生1998年毕业于重庆建筑工程学院（现重庆大学），曾就职于上海城乡建筑设计院、上海天华建筑设计有限公司，历任主创建筑设计师、北京分公司总经理。2004年创办上海都易建筑设计有限公司。

Mr. Yang is Co-founder and Chief Architect of DotInt Design, and also one of the important representatives in contemporary urban residential design. In the past fifteen years, he has led his team to deliver hundreds of real estate masterpieces which are influential and exemplary in the real estate industry in China. Those works include Hangzhou Vanke Xixidie Park II, Changzhou Vanke Park Avenue, Guangzhou Vanke Opal, Hangzhou Vanke Jinchen Apartment, Chongqing Sincere Mansion, Zhengzhou Jianye No.2 Apartments, etc. These masterpieces have won more than ten awards, such as Tien-yow Jeme Civil Engineering Prize, Kinpan Award of Real Estate Design Trend, REARD Global Design Award, CIHAF Chinese High-end Residential Design Award, etc.

In recent years, Yang has won his greatest prestige by thoroughly cooperating with Vanke for the architectural style and design system of the "Metropolitan Series", which integrates classic architecture style with the fashionable, simple and complex contemporary urban life, laying the ground for historical aesthetic context and future evolution for the next round of urban real estate value orientation.

Yang graduated from Chongqing University (formerly known as Chongqing Institute of Architectural Engineering) in 1998. Then, he worked at Shanghai Chengxiang Architectural Design Institute and Shanghai Tianhua Architectural Design Co., Ltd., as Chief Architect, General Manager of Beijing Branch, etc. In 2004, he founded Shanghai DotInt Architectural Design Co., Ltd.

# 杨锋

- 上海都易建筑设计有限公司 创始合伙人、首席建筑师
- 上海市建筑学会会员
- 2013年第8届~2019年第14届《时代楼盘》金盘奖专家评委
- 2013年《中国建筑设计作品年鉴》特邀编委
- 2019年REARD全球地产设计大奖金奖得主

## Yang Feng

- Shanghai DotInt Architectural Design Co., Ltd. Co-Founder & Chief Architect
- Member of The Architectural Society of Shanghai China
- Expert judge of Kinpan Award of the 8th to 14th Real Estate Design Trend from 2013—2019
- Specially invited editor of 2013 Annual Review of Chinese Architectural Design Works
- Gold winner of REARD Global Design Award 2019

## 代表作品：

重庆·协信·协信公馆
**2011年詹天佑设计奖重庆地区建筑环境设计金奖、规划银奖**
杭州·万科·西溪蝶园II
**2011年第六届金盘奖年度最佳公寓冠军第一名**
广州·万科·华府
**2012年CIHAF设计中国高端住宅设计优胜奖**
广州·万科·欧泊
**2013年万科集团最佳项目表现奖**
**2014年金拱奖最宜居设计金奖**
**2016年十一届金盘奖年度最佳综合楼盘**
郑州·建业·贰号城邦
**2015年第十届金盘奖年度最佳人气奖**
佛山·万科·西江悦
**2017年佛山万科最佳作品奖**

无锡·万科·北门塘上
**2018年无锡万科精工品质奖**
杭州·万科·金辰之光
**2018年第十三届金盘奖年度最佳住宅**
无锡·万科·公园大道
**2019年地产设计大奖·中国·优秀奖**
濮阳·建业·通和府
**2019年第十四届金盘奖最佳预售楼盘**
杭州·万科·随园嘉树（海月）
**2019年第四届REARD全球地产设计大奖医养类建筑金奖**
嘉兴·万科·城市之光
**2019年第四届REARD全球地产设计大奖居住类建筑佳作奖**

## HIS REPRESENTATIVE WORKS:

CHONGQING SINCERE MANSION
**2011 GOLD WINNER OF TIEN-YOW JEME CIVIL ENGINEERING PRIZE CHONGQING ARCHITECTURE AND ENVIRONMENTAL DESIGN AWARD, AND SILVER WINNER OF AWARD FOR PLANNING EXCELLENCE**
HANGZHOU VANKE XIXIDIE PARK II
**2011 CHAMPION OF THE 6TH KINPAN AWARD ANNUAL BEST APARTMENTS**
GUANGZHOU VANKE HUAFU
**2012 WINNER OF CIHAF CHINESE HIGH-END RESIDENTIAL DESIGN AWARD**
GUANGZHOU VANKE OPAL
**2013 WINNER OF VANKE COMMENDATIONS FOR CREDITABLE PERFORMANCE**
**2014 GOLD WINNER OF ARCHITECTURE AWARD FOR MOST LIVABLE RESIDENCE DESIGN**
**2016 WINNER OF THE 11TH KINPAN AWARD ANNUAL BEST COMPREHENSIVE BUILDINGS**
ZHENGZHOU JIANYE NO. 2 APARTMENTS
**2015 BEST POPULARITY AWARD OF THE 10TH KINPAN AWARD**

FOSHAN VANKE XIJIANGYUE APARTMENTS
**2017 FOSHAN VANKE BEST WORKS AWARD**
WUXI VANKE BEIMENTANGSHANG APARTMENTS
**2018 WUXI VANKE EXCELLENT QUALITY AWARD**
HANGZHOU VANKE JINCHEN APARTMENT
**2018 THE 3RD KINPAN AWARD ANNUAL BEST INTERIOR RESIDENTIAL**
WUXI VANKE PARK AVENUE
**2019 EXCELLENT PRIZE OF CREDAWARD · CHINA**
PUYANG JIANYE TONGHE MANSION
**2019 THE 4TH KINPAN AWARD BEST PRE-SALES BUILDINGS**
HANGZHOU VANKE SUIYUANJIASHU CONGREGATE HOUSING (HAIYUE)
**2019 WINNER OF BEST SENIOR HOUSING PROJECTS AWARD OF THE 4TH REARD GLOBAL DESIGN AWARD**
JIAXING VANKE CITY LIGHTS APARTMENT
**2019 WINNER OF BEST RESIDENTIAL PROJECTS AWARD OF THE 4TH REARD GLOBAL DESIGN AWARD**

# 大都会风格的形式基础与设计创新 |
## THE FORMAL BASIS AND DESIGN CREATION OF METROPOLIS STYLE

杨锋 / 艾侠

在当代建筑学的语境中，风格似乎是一个不再时髦的关键词。

## 在建筑观念和社会认知之间搭建联系

在当代建筑学的语境中，风格似乎不再是一个时髦的关键词。相对于技术、功能、建构、文脉，风格的重要性等量齐观，它与社会公众对建筑的审美认知密不可分，但进入 21 世纪之后，建筑学的主线研究很少继续谈论风格。

这背后的原因可能来自学术文化与商业社会的日渐分离。现代主义建筑颠覆了古典建筑的美学观念，一百多年以来，现代建筑的语汇曾经一度建立在驱逐美术和美学用语的基础上，并转而偏好中性抽象的概念。

而在社会公众层面，虽然建筑面貌日新月异，但是当人们在谈论建筑时使用的词汇，依然有相当一部分是来自古典建筑体系带给我们的关键词：比例、尺度、秩序、序列、和谐、平衡……这些构成了占人口绝大多数的市民公众对建筑文化的感知。这些词语已经浸润在人们的生存空间之中，成为人们空间思维的工具。

我们始终有一个观念，作为商业化的建筑设计机构，在广泛社会公众的建筑审美、地产商业开发的价值目标与建筑观念及实践之间，搭建三者的桥梁，是我们必须完成的时代使命。如果要解读

都易设计十多年来为中国城市社区提供的设计范本，最清晰的方法是从建筑风格入手，也就是我们耳熟能详的"大都会风格"。这本新书成形于我们与万科合作完成的数十座社区，它们有些尚在建设之中，有些已经展现了成熟的社区风貌。它们无一例外地关乎都市面貌，关乎当代中国城市的日常生活。

大都会风格代表了古典美学在新时代、高密度、多层次的都市环境中的演变，也代表了一系列有节制、有主流意识的设计创造。它的设计在 20 世纪从美洲传播到亚洲，成为东方和西方建筑与都市共鸣的话题。

大都会风格的设计起源可追溯至 20 世纪初期，以纽约和芝加哥为首的美国高密度城市建设超越欧洲传统城市，在城市建筑的高度和技术手段处于世界领先位置，建筑的形制上也产生出它的独特性和标志性，一部分建筑既保留了欧洲古典主义的美学比例，又结合现代生活方式进行了空间布局和立面装饰上的设定，它比古典主义更简洁，比现代风格更厚重，是一眼可辨识的高品位的建筑风格。

本书将用 5 个关键词来进行章节划分：源起、思辨、创造、原则、实践。希望通过层层递进来拓展人们对"大都会风格"的观念认知。

人类曾经非常激烈地抗拒自身已经建立千年的稳态美学，
急于发现一个新的世界，而当这个新世界历经波折被建立之后，
那些曾经被抗拒过的特征又再次出现了。

## 建筑审美的共时视角与连缀效应

现代建筑的追随者们曾经非常坚定地摒弃外在的参照体系，包括历史与记忆、文化特征和传统符号。建筑师们试图证明：存在一种简洁至上的分析原则，可以推演出城市与建筑这类复杂事物背后的隐形力量，进而追求一种抽象的完整和统一。贯穿整个 20 世纪，这种观念在艺术、文学、科学、建筑等多个领域无不有共鸣。正是这种抽象的思考方式，使建筑师对建筑学本体的探索与社会大众对建筑美学的认知，发展成两种相互平行的语言体系。学术上剥茧抽丝，力求细致、清晰，而真实的社会依然混沌多元。

然而人们终将认识到，在古典美学与现代生活之间存在某种"连缀效应"，社会主流的建筑审美一旦确立，不会轻易地更迭和转换，即使技术和生活方式已经发生了日新月异的变化。如果我们去家居市场看一看，会发现现在很多人还是青睐有古典格调的生活氛围，而在汽车、服装、书籍这类有着历史传承并且与人类紧密相关的物件上面，也不难发现很多来自古典时代的美学法则。

也就是说，人类曾经非常激烈地抗拒自身已经建立千年的稳态美学，急于发现一个新的世界，而当这个新世界历经波折被建立之后，那些曾经被抗拒过的特征又再次出现了。

于是，城市和建筑得以延续和保存人类文明数千年以来的视觉体系。当代生活又得以在这种经典的框架之中激发出新的表现和设计，它们之间也许并非互相抗拒，而是呈现一种隐性的共时视角，这是大都会风格能够在当代存在的哲学基础。

## 进一步理解大都会风格的形式基础

在哲学问题之下，让我们回到"形式"这个不可回避的话题，它是建筑学至关重要的基础观念架构。路易斯·康（Louis Kahn）曾经论述过：设计是按照秩序生产形式。哈佛大学研究生院（Harvard GSD）的课程体系中也明确指出：优秀的设计是充满想象力且成熟的形式操作。

形式理论的突出贡献来自柯林·罗（Colin Rowe）的论文《理想别墅的数学》（Mathematics of Ideal Villa）。这篇论文探究了风格表面背后的不同历史时期建筑物的共同法则和演化规律，指出哪怕是最激进的形式变革，比如帕拉第奥与柯布西耶的对比，也存在重要的数学秩序的相似性。帕拉第奥的马肯坦达别墅，与柯布西耶的加歇别墅，尽管面貌大相径庭，时代也相隔甚远，但依然存在长宽高比、三段划分的暗示以及单双交替的空间节奏。

古典美学提供了一种稳态的原型（prototype），
而当代中国的生活特征，
可以使建筑审美建立在这种原型框架上进一步发展，
大都会风格是其中的主线之一。

可见，建筑的形式可以不断创新和进步，但同时也存在客观的秩序限制。我们对这两者的关系非常着迷。

大都会建筑的平面布局和立面构成都源自古希腊（包括古罗马）的几何体系法则，这个阶段的建筑布局普遍使用带有具备仪式感的定点观测法则，这种法则衍生出城市空间的轴线，建筑立面的节奏、柱式以及建筑构件之间的美学关系，成为建筑学的不可撼动的几何基础。今日，我们依然可以从都会风格中直接观测到这种经典的几何关系的影响。

大约从 20 世纪 80 年代的后现代主义时期开始，基于历史的概念辨析，成为一种恢复建筑学与大众对于空间形式的共时效应的操作路径。如今，我们的设想在于：古典美学提供了一种稳态的原型（prototype），而当代中国的生活特征，可以使建筑审美在这种原型框架上进一步发展，大都会风格是其中的主线之一。在有所选择之后，风格与设计通过地产开发这个大规模的社会经济实践现象，成为社会与时代的"感知"（perception），并在一定程度上决定了中国未来城市的面貌。

在中国社会普遍完成第一轮居住空间的生产之后，创新的形式是大型地产集团公司建立自身文化资本标识的客观需求，它与追求批判工具的现代建筑，并不总是矛盾的。大都会风格的贡献在于提供了一种平衡性，它在某些社会语境中具备创新导向，在稳定的大格局框架下，以局部迭代的方法来完成社会空间生产的进步。事实也将证明，这种创新比起抽象或激进的颠覆，更加持久和意义深远。

形式有规则，规则有稳定也有变化，如果我们把形式的转换看作

不同历史时期建筑概念和要素的关联，我们就有理由相信同一时期的建筑观念虽然可能呈现巨大的矛盾性，但其实也可以理解为建筑的意义及其表达方式正在趋向于复杂。当这种复杂性混合了社会消费、固定资产、生活方式等"外界因素"之后，成了大都会风格的形式基础。

## 大都会风格在中国时代语境下的创新

在本书的研究中，"风格"已经不再是建筑的表皮或者外衣，而是一种有效整合空间与形式矛盾性的实践策略。类似于语言学的文本分析，风格既有语法规则，也可以写出不断创新的故事。随之而来的核心问题是：大都会风格如何与当下的中国城市的时代需求相结合？

我们的实践可以归纳为"稳中求新、适时求变、渐进创新"三个创新原则。

虽然都会风格尊重某些基本的、严谨的、古典的建筑秩序，但这并非说明它不会随着时代改变。在某些时候，我们需要定制与地理气候、文化特征相契合的都会风格产品。例如，我们在江南名城无锡创作的"中式都会风"，它带有一定的中国元素和江南文化格调；我们在广东佛山设计的"使馆都会风"，如同百年前的西洋领馆，回应着高端知识阶层对审美的诉求。总之，我们在不同的实践中会演变出不同的解决方案。

都会风格的核心是城市，它的一个非常本质的理想是帮助城市中心进一步建立起自身的标识。而城市是一个复杂的有机体，不同的城市，不同的地理气候条件和历史传承，会产生非常大的差异，

都会风格的核心是城市，
它的一个非常本质的理想是帮助城市中心进一步建立起自身的标识。
没有"一体化"的意识，就没有真正的"大都会"设计创新。

所以，理论上说，都会风格需要针对不同的城市进行"定制"。在这个过程中，从规划、建筑、结构、景观、室内等多专业的视角来整体理解大都会风格是非常重要的。甚至可以认为没有"一体化"的意识，就没有真正的"大都会"设计创新。

例如在规划层面，大都会风格对街区感和边界性的要求很高，建筑师必须从地块之外更大的城市范围来决定建筑的布局，它的规划界面必须非常完整，要有属于自己的集中度和天际线，而不是像普通住宅社区一样随机或者强排。而中国的社区往往比欧美或东南亚国家的社区尺度大，当一个开发地块大到一定程度，甚至相当于一个微缩的都市之时，新的问题又会关系到组团的分层和连接，我们也必须考虑这个层面的设计如何创新。

在建筑尺度方面，大都会风格更加厚重，更有实体感（在某种程度上也意味着更有价值感），立面的开窗会比古典主义更大一些，以迎合现代生活的使用需求，但窗间墙的尺度也随之增大，设计需要保持一个完整的比例，与此同时也力图强调"垂直感"。这种垂直感在近人尺度、社区尺度、城市尺度上如何保持近观、中观、远观的平衡？都易设计也在进一步研究和创新。

对创新的更大考验来自设计的细节。"大都会风格"建筑本体的装饰可以做到极其精练，只在少量有限的位置着重笔墨——这一点很像现在奢侈品和豪华汽车的设计趋势，整体的装饰数量在减少，但剩下的一两个细节才是制胜的关键。在入口、门廊、灯具、把手等位置，设计必须经得起时间和时尚的双重考验。我们的创作源泉可以来自世界任何有都市的地方，中国古典符号、阿拉伯地域风俗、南美洲古代文明，这些都可能为今日的大都会贡献某种程度的形式联想，都易的团队正在不懈地提炼和制造这样的联想，并将其反映在最新的社区设计之中，从而丰富和延展大都会风格的语义内涵。

而在可持续设计方面：更环保的幕墙玻璃和墙体材料，更节能的窗墙比例和照明系统，更高效的社区交通体系设计，更完善的垃圾运输和循环系统，更灵活的装配式建造技术，任何一个方面的技术突破都可能带来影响设计风格的创新脚步。

杨锋 Yang Feng | 杨锋先生是都易设计的创始合伙人和总建筑师。作为设计团队的领导者，他完成了数以百计的地标级社区案例。近年来，杨锋先生的最大声誉来自他为万科集团深入研究的"都会系列"风格语言和产品体系，为下一轮城市地产的价值导向做出探索。杨锋先生持有重庆大学城市规划学位和北京大学 EDP 管理学位。

艾侠 Ai Xia | 艾侠先生是一位资深的行业观察者，致力于设计行业的品牌研究和知识管理工作，先后主编过 12 本不同类型的设计专业图书，并多次参加行业论坛演讲、专家研讨、方案评审。艾侠先生持有同济大学学士和硕士学位，同时也是中国建筑学会建筑评论学术委员会成员。

建筑"都会风格"的起源可追溯至 20 世纪初期,以纽约和芝加哥为首的美国都市超越欧洲传统城市,形成了在城市密度、建筑美学、建造技术方面皆在世界领先的"大都会风格"。

都会风格的美学基础,受来自欧洲新艺术运动和"Art-Deco"(装饰艺术派)的重要影响,既保留了欧洲古典主义的经典比例,又结合现代生活方式的演变,进行了空间布局和立面装饰上的转化,传承百年至今。

The origin of the "metropolitan style" of architecture can be traced back to the early 20th century. American cities, led by New York and Chicago, surpassed the traditional European cities and formed the world-class "metropolitan style" in terms of urban density, architectural aesthetics and construction technology.

The metropolitan style that has been passed down for hundreds of years with the aesthetic basis influenced by the European Art Nouveau movement and the "Art-Deco", not only preserves the classical proportion of European classicism, but also combines the evolution of modern lifestyles, making transformation in spatial layout and facade decoration.

NEW YORK                          LONDON

纽约                              伦敦

源 起
ORIGIN

PARIS                             SHANGHAI

巴黎                              上海

# 1.1 | URBAN VISION
## OF METROPOLIS STYLE

## 大都会风格的城市图景

曼哈顿岛，航拍图

# 纽约：街区网格结构中的高密度都市

## NEW YORK:
## HIGH-DENSITY METROPOLIS ON GRID

纽约市位于美国纽约州东南部大西洋沿岸，是美国第一大城市及国际公认的超级大都会。许多现代化的都市设施都是在纽约得到应用和发展的，例如，1904 年开始运行的纽约地铁系统是全世界最繁忙的都市交通运营体系，一百多年来没有一天停运，极大地增强了这座城市的机动性和公共性。20 世纪上半叶，这里成了世界级的工业、商业和文化中心。

曼哈顿岛是纽约的核心，虽然在 5 个区中面积最小（仅 57.91 平方千米）。但这个东西窄、南北长的小岛却是美国的金融中心，美国最大的 500 家公司中，有 1/3 以上把总部设在曼哈顿，美国 7 家大银行中的 6 家以及各大垄断组织的总部也都在这里设立中心据点。这里还集中了世界金融、证券、期货及保险等行业的精华。位于曼哈顿岛南部的华尔街是美国财富和经济实力的象征，也是美国垄断资本的大本营和金融寡头的代名词。这条长度仅 540 米的狭窄街道两旁有 2900 多家金融和外贸机构。著名的纽约证券交易所和美国证券交易所均设于此。

矩形网格，是人类划分土地组织空间的最直接的逻辑，纽约的规划则将网格发挥到极致。自 1811 年委员会规划编制完成至今，纽约网格系统已 208 岁。建筑与城市历史学家希拉里·巴伦（Hilary Ballon）称之为"城市历史上第一个伟大的公共艺术品，城市规划的里程碑"。规划中，12 条南北向的 30 米宽的大道（avenue）与 155 条东西贯穿的 18 米宽的街道（street）纵横交织，将曼哈顿 14 街以北的部分划分为 2000 多个东西向狭长的网格街区。每个网格约 61 米 ×244 米，每个街区内又被进一步细分为 8 米 ×30 米的地块。

关于住宅的法规在不断完善，政府干预在住宅开发过程中也扮演着越来越重要的角色。时至今日，在寸土寸金的纽约，租住共同住宅已成为大部分人群的生活方式。美国情景喜剧《老友记》中的一群年轻人就租住在这样的公寓里。红色砖石立面、外挂楼梯、底层商业等标志性元素共同构成了纽约特色的生活方式和都市图景。

纽约中央公园鸟瞰（俄罗斯摄影师 Sergey Semonov 拍摄）

纽约曼哈顿的网格结构促生了大都会起伏的天际线

伦敦天际线

# 伦敦：街道导则下的中心化都市

LONDON:
CENTRAL CITY WITH STREET GUIDING

伦敦是英国的首都、欧洲第一大城以及第一大港，也是欧洲最大的都会区，四大世界级城市之一。2005 年，伦敦的人口为 750 万，而都会区的总人口则超过 1200 万人。

从 1801 年起，伦敦就因其在政治、经济、人文、娱乐、科技发明等领域上的卓越成就，成为全世界最大的都市之一。伦敦是英国的政治中心，也是许多国际组织总部所在地。作为一个多元化的大都市，伦敦的居民来自世界各地，使伦敦拥有多元化种族、宗教和文化，城市中使用的语言超过 300 种。

伦敦最近 100 年来的大变化可以说是始于第二次世界大战以后。大战期间，伦敦遭到纳粹德国空军的猛烈轰炸，其间超过 3 万的伦敦市民丧生，大部分建筑遭到破坏。20 世纪 50 至 70 年代，由于伦敦的重建未经统一规划，造成今天建筑多样化的格局，并成为当今伦敦的独特之处。

《伦敦街道设计导则》将街道作为公共空间的设计宗旨。空间感在街道设计项目中被重视。在绝大多数基于空间和街道交错的项目中，伦敦交通局着重强调建设足够宽的人行道和十字形交叉口来减少交通干扰，另外，减少并合理化道路交通量，在需要突显地方特色的街区，将广场、花园和街道整合成为一体化的公共空间。伦敦通过《导则》为很多街道设计项目创造了更有活力的街道环境，也使周边零售业和地产更具价值。伦敦交通局还创建了"城市空间价值提升的方法工具箱"。

泰晤士河两岸城市夜景

泰晤士河东岸的伦敦天际线

巴黎城市呈现几何放射状的轴线布局

# 巴黎：几何形制下的都市格局

PARIS：
METROPOLIS FOLLOW GEOMETRY STRUCTURE

放射的路网构成了巴黎的都市图底

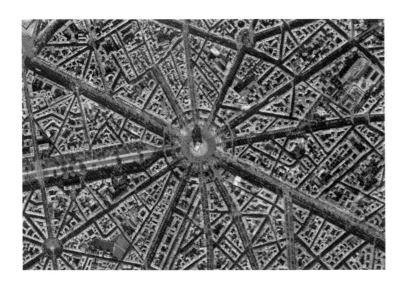

巴黎是世界著名的历史名城，曾被拿破仑夸赞"是世界上最美的城市"，历史上有过两次大规模的改造。其中始于 19 世纪中叶的第一次改造由时任塞纳行政区行政长官的奥斯曼男爵主持，对巴黎市区进行了大规模的规划和改造，极大地改变了巴黎的风貌，具有很强的前瞻性，基本奠定了巴黎今天的城市格局。但是这次改造对巴黎古老的历史建筑和城市风貌造成了严重破坏。为此法国大作家雨果在 1832 年写成的《向拆房者宣战》就表达了对大拆大建式的城市建设的愤怒，认为这与破坏历史遗产无异。

巴黎的第二次改造始于 20 世纪 60 年代，第二次世界大战使巴黎遭到了严重的破坏，众多的巴黎市民甚至失去了最起码的住所。为此法国政府先后在 1961 年和 1968 年，分别针对大巴黎地区开始了两轮较大规模的规划改造。这次改造加强了对历史建筑和城市风貌的保护，通过建设新城区，减缓老城区的压力，使旧城的风貌和历史文化遗产得到保护和延续。此次改造也成功完成了由单中心到多中心的格局改造。这次规划使巴黎既保持了中心区的繁荣和老城区的历史风貌，又获得了安置人口和产业的空间。

以埃菲尔铁塔为中心的中央轴线

# 上海：混合多元的远东都会风貌

## SHANGHAI:
## EAST-FAR METROPOLIS MIXING MULTI-SCENERY

20 世纪二三十年代的上海被认为是这座城市历史上的一段黄金岁月。这时期上海的时局稳定、经济发达、工商业繁荣、文化娱乐行业兴盛。大量外来人口涌入上海，高层建筑得到了快速的发展，为城市建立自身标识性带来了契机。同时，在上海的租界中，巨大的房地产市场使西方的建筑风格和城市模式被殖民者移植到上海，近代世界的物质文明和先进的科学技术也同时输入上海。西方的建筑风格和建筑理念逐步取代了中国传统的建筑样式，在上海近代建筑中占据了主导地位。20 世纪 20 年代后期开始，伴随装饰艺术派风格在欧美流行，大都会风格对上海的建筑产生了深远影响。

上海浦西外滩旧照

上海浦西外滩夜景

大都会风格向上的整体感及动态的线条表现着力量和速度。其造型的基础是建立在机械时代、反映当时快速发展的科技与机械美学之上的。都会风格从城市空间蔓延至日常生活。在上海，作为都市文化重要发育时期的建筑风格，它必然长期控制及影响到后来的城市形象。在追求个性的今天，向古典美学和装饰艺术风格致敬的"新都会主义"再度成为热门：金茂大厦那中国密檐塔式的外观，外滩三号、"新天地"等带有的装饰主义的烙印，半岛酒店简约摩登的空间设计，已经成为今日上海身份、地位、品位以及生活质量的大都会象征。

浦东的超高层建筑群构成了上海未来的都市面貌

# 1.2 | TYPICAL METROPOLIS STYLE ARCHITECTS & MASTERPIECES

## 大都会风格的历史代表人物与作品

万科·大都会 METROPOLIS

## ■ 雷蒙德• 胡德（Raymond Hood，1881—1934）

雷蒙德•胡德是美国近现代历史上著名的建筑大师，也是从早期装饰艺术风格向现代摩登风格转变的关键人物。胡德先生于 1913 年设计了著名的"伍尔沃斯百货公司总部大楼"，1929 年起主持规模宏大的洛克菲勒中心建筑组团，1933 年设计了当时世界第一高楼"帝国大厦"。胡德是一位扎根于设计实践一线的明星建筑师，也是纽约大都会风格不可忽视的代表人物。

## ■ 华莱士•哈里逊（Wallace Harrison，1895—1981）

华莱士•哈里逊从小喜欢美术和建筑，一生与相当多的艺术大师和建筑大师有密切的交往，例如，他与立体主义绘画大师费迪南·列比、芬兰建筑大师阿尔瓦·阿尔托都是很亲密的朋友。哈里逊在完成欧洲的正式学业之后回到美国，在纽约创建了自己的建筑事务所，1929 年通过公开的设计竞赛赢得了纽约洛克菲勒中心项目。在该项目的另一位合作建筑大师胡德去世之后，哈里逊负责整个工程的分期建设直至最后竣工，随后成为洛克菲勒家族的首席建筑师，并为纽约和芝加哥贡献了多个大都会风格的佳作。

## ■ 保罗•鲁道夫 (Paul Rudolph，1918—1997)

保罗•鲁道夫是一位现代建筑历史上略被忽视的重要学者。他 1947 年毕业于哈佛大学设计研究院，曾多年任职耶鲁大学建筑系主任。自 20 世纪 50 年代以来，他完成了包括住宅、公寓、公共建筑在内的大约 160 项工程。其设计作品善于使用小尺度的、复杂的系统来替代粗糙和毫无特点的建材，常将粗笨的柱子分解为一组形式优雅的列柱，创造出具有古典气质同时丰富多变的空间层次，以敏感的方式反映出建筑形式与城市环境的限制和相互关系，设计中往往带有纪念性风格，最大限度地扩展了混凝土、砖石等经典材质的雕塑性。鲁道夫的设计语言和建筑思想，为当代的大都会风格奠定了理论基础。

## ■ 罗伯特•斯特恩（Robert A.M.Stern，1939 至今）

罗伯特•斯特恩是美国建筑学家、国际建筑设计巨匠，曾经连任三届耶鲁大学建筑学院院长。他的建筑理念师从保罗•鲁道夫，对于传统设计理念的沿袭有着极深刻的理解；后来又吸收了罗伯特•文丘里的后现代主义观念，其作品中无一例外地体现了对历史的思考。斯特恩认为应该学习历史经典的建筑文化，并将它融入现代的、当地的文化中去。这样才能在推动城市进化的过程中也能保护传统文化。进入 21 世纪之后，斯特恩先生是当代"大都会风格"最重要的代表人物，尤其是将都会主义应用到居住社区的重要贡献，从纽约中央公园到上海黄浦江畔，都有其不可复制的佳作呈现。

雷蒙德·胡德（Raymond Hood，
1881—1934）

代表作品：
伍尔沃斯百货总部大楼（1913）
洛克菲勒中心（1929）
纽约帝国大厦（1933）

华莱士·哈里逊（Wallace Harrison，
1895—1981）

代表作品：
洛克菲勒中心（1929）
纽约世界博览会中心（1939）
大都会歌剧院（1965）

保罗·鲁道夫（Paul Rudolph，1918—1997）

代表作品：
耶鲁大学建筑与艺术系大楼（1958）
香港奔会中心（1993）

罗伯特·斯特恩（Robert A.M.Stern，1939 至今）

代表作品：

纽约中央公园西 15 号（2008）

中国杭州万科大都会 79 号（2018）

洛克菲勒中心（雷蒙德·胡德与华莱士·哈里逊联合设计）

纽约中央公园西 15 号（罗伯特·斯特恩设计）

洛克菲勒中心位于美国纽约曼哈顿，是一个由 19 栋商业大楼组成的建筑群，各大楼底层是相通的。其中最大的是奇异电器大楼，高 259 米，共 69 层。洛克菲勒中心总占地面积 8.9 公顷，是纽约最大规模的建筑集群之一。

洛克菲勒中心东西向矗立，从 48 街到 51 街，占了三个街区；南北向，从第五大道到第七大道，也占了三个纵向街区。这个建筑群是由洛克菲勒家族投资兴建的，在 1987 年被美国政府定为"国家历史地标"，这是全世界最大的私人拥有的建筑群，也是装饰艺术风格的地标建筑，其意义的重大，早就超过建筑本身了。一个中央广场提供了一个开放的公共区域，将建筑群联系在一起。这是一个城市空间设计的伟大典型。

洛克菲勒中心号称是 20 世纪最伟大的都市计划之一，这块区域对于公共空间的运用也开启了城市规划的新风貌，完整的商场与办公大楼让曼哈顿中城继华尔街之后，成为纽约第二个市中心。洛克菲勒中心几乎是费理斯画作的完美呈现，包括建筑群的分布与高低的配置，第五大道旁较为低矮的国际大楼缓缓起伏到第六大道旁最高的奇异电器大楼，交错横贯之间的是供市民使用的广场（海峡花园、下层广场等）。

整个建筑组团从 1929 年开始，延续了许多年，直到 1940 年才全部完成。装饰艺术与现代主义相结合的风格，以及在纽约市中心的地理位置，使其成为具有大都会地标意义的重要建筑。这栋建筑虽然具有最精致的"装饰艺术"风格立面、室内、环境艺术的特征，但是风格的基础却是为现代都市的商业生活场景服务的，采用与时代同步的工程技术和空间特质。

## 纽约中央公园西 15 号（15th West Central Park ）

纽约中央公园西 15 号坐落于原五月花酒店的位置上，建筑包括两栋新古典主义风格的石材立面大楼，站在这里可以直接眺望纽约中央公园。建筑大师斯特恩让这两栋建筑在中央公园、第五大道和公园大道两侧古老而庄严的建筑群的交相辉映中，极致地展现出专属于都会古典主义建筑的魅力，并且为其增添了现代化的便利设施。这两栋建筑也因此成为世界众多富豪名流们梦想的住宅和办公场所，花旗银行前首席执行官桑迪·韦尔最近将他在该大楼的顶层阁楼以 8800 万美元的高价挂牌出售，创下整个纽约住宅的最高售价。中央公园西 15 号代表了对纽约黄金时代的建筑记忆和挚诚致敬，它的云石立面来自于与帝国大厦同一个采石场的石头，浅色立面与哥伦比亚广场的黑色建筑做了强烈对比。云石的温暖和天然色差变化成就了中央公园西 15 号的高贵与优雅。经典的黄金比例立面分割，投射出精英阶层对精致人生的孜孜追求。

中央公园西 15 号展现出大都会建筑的极致魅力，被《名利场》杂志誉为"对公园大道和第五大道古典建筑的独创敬意"。

社会主流的建筑审美存在一个稳态领域，同时也在与时俱进。本章将这一思考放在中国城市化的关键进程中进行思辨。在都市文明对当代中国生活的启示中，都易设计与地产客户共同探索社区建筑风格与空间消费的审美本质。

The mainstream architectural aesthetics exists in a steady-state field, while also advancing with the times. This chapter will analyze this thought in the critical process of China's urbanization. In the enlightenment of urban civilization to contemporary Chinese life, Dotint Design and the real estate customers jointly explored the aesthetic essence of community architectural style and space consumption.

DEVELOP

发展

AESTHETIC

审美

思 辨

THINK

EXPLORE

探索

URBANIZATION

城市化

# 2.1 KEY PHENOMENON DURING CHINA URBANIZATION
## 中国城市化历程中的重要节点和现象

中国城市住宅呈现集群化的统一面貌

# 20 世纪 90 年代中国房地产关键事件和政策启示

## CRUCIAL CHANGES AND ENLIGHTENMENT ON CHINA REAL-ESTATE DURING LAST DECADE OF 20 CENTURY

从 1998 年房改制度启动，到 2018 年中国第一轮城市化基本完成，中国已经有 50% 的人口生活在城市，中国的城市化水平从 1949 年的 7.3% 提高到 2008 年的 46%，再达到 2018 年的 57%，并从新中国建立之初集中于沿海地区，逐步拓展到内陆地区。

这个过程起始缓慢，但演变激进，如今，大多数中国人生活在都市或即将成为都市的环境中。

1955 年，国家建委提出，新建的城市原则上以中小城市和工人镇为主，在可能的条件下建设少数中等城市，没有特殊原因，不建设大城市。

1963 年，中国局部甚至出现"逆城市化"现象，国家撤销了 24 座城市，部分地级市降为县。

1965 年，全国设计革命工作会议提出，摆脱苏联的框框束缚，克服资产阶级思想的影响，摸索符合中国国情的、多快好省的设计道路。

1984 年，《中共中央关于经济体制改革的决定》逐步形成以大、中城市为依扎的，开放式、网络型的经济区。

1988 年，全国住房制度改革工作会议在北京召开，宣布将房改正式纳入中央和地方改革计划。

1990 年，国家出台《城镇国有土地使用权出让和转让暂行条例》，为土地使用权有偿出让提供了具体依据，为建立可流转的房地产和房地产市场的形成奠定了基础。

1991 年，国务院发布《关于全面推进城镇住房制度改革的意见》的通知，明确规范了房改的分阶段及总目标、基本原则、有关政策、工作部署等，起到了重要的依据作用。

1994 年，《中华人民共和国城市房地产管理法》颁布，这是继《土地管理法》之后规范房地产市场的第二部重要法律，标志着中国房地产法制逐渐走向完备。

1998 年，中国人民银行颁布《关于加大住房信贷投入支持住房建设与消费的通知》。这是中央政府态度转变，开始支持房地产发展的第一个明确信号。

中国城市新区的住宅社区

中国都市核心区的城市面貌

杭州金辰之光作为典型的杭州大盘社区

2002 年《中国共产党第十六次全国代表大会》提出，我们要在 21 世纪头 20 年，集中力量，建设更高水平的小康社会，使人民生活更加殷实。

2003 年，《国务院关于促进房地产市场持续健康发展的通知》要求完善住房供应政策，调整住房供应结构，第一次明确房地产是支柱产业。

2006 年，建设部 165 号文件提出 "90-70" 政策，即套型在 90 平方米以下的住宅比率必须达到开发面积的 70%。

2006 年，《天津滨海新区国民经济和社会发展 "十一五" 规划纲要》进行产业功能分区，提出沿京津塘高速公路和海河下游建设 "高新技术产业发展轴"，沿海岸线和海滨大道建设 "海洋经济发展带"。

2008 年 11 月 5 日，国务院常务会议提出 10 条具体措施，国务院办公厅发出《关于促进房地产市场健康发展的若干意见》。

2014 年，万科董事长王石曾表示，房地产的 "黄金时代" 已经结束，"白银时代" 到来，房地产市场将会出现明显的分化。开发商会将资金更加集中在热点城市来争夺。

2016 年，"二孩" 政策正式实施，家庭对改善性住房的需求成为刚需，三居、四居的购房者比例明显增加。

2017 年，杭州市房管局和阿里巴巴集团达成战略合作，杭州市将借助阿里的技术能力、生态资源，打造全国首个 "智慧住房租赁平台"。

2019 年，中央正式批复《粤港澳大湾区发展规划纲要》，明确提出国际科技创新中心等五大战略定位。

## 21 世纪初对中国房地产产生影响的部分事件

INFLUENTIAL AFFAIRS ON CHINA REAL-ESTAT
IN EARLY 21 CENTURY

重庆某住宅项目工地

中国典型城市建设进行时

昔日的广州城中村

万科集团在上海滨江建设的新住宅

# 2.2 | URBAN-CIVILIZATION ENLIGHTEN TO CONTEMPORARY CHINA SOCIETY

## 都市文明对当代中国的启示

# 都市的意义

## URBAN SIGNIFICATION

对中国而言，城市化的实质，是农耕文明向商业文明的跃迁，是一个农业人口向非农业区域转移的空间集聚过程。

现代商业空间的发展可追溯到西方 16 世纪（文艺复兴之后的资本主义萌芽时期，在意大利和法国等地出现了将空间开发盈利的商业行为），也就是说，商业开发的逻辑比现代主义建筑的逻辑来得更早。世界上第一批商业中心、商业社区，无一例外均具备西方古典建筑的形态特征。

从社会学上看，都市的发展绝不仅是从手工作坊到现代企业的生产单元，还有基于人类生活集聚的消费单元。消费可以拉动国家内需，而提高消费效率的唯一办法就是增加单位空间的市场需求，也就是通过都市的集聚，将需求规模化呈现。

20 世纪的"都会"，是以现代大都市为中心的都市集聚地区。区内的都市大小规模不等，功能各异。它们在一定的地域范围内独立管理，空间上相互分开，都市之间通过郊区相连，中间大多隔有绿化带。它们彼此之间在社会、经济、政治、文化生活等方面保持着密切的联系。由此，点状都市便延伸到郊区并与邻近城镇连接成网状和片状都会，成为城市发展的必然规律。

中国城市深圳，新建高层建筑与城中村的戏剧化对比

中国城市广州，被高层建筑围合的城中村

中国城市广州，都市密度的层次感

常州万科公园大道（都易设计）

# 都市文明对当代中国的启示

## URBAN CIVILIZATION
## TO CONTEMPORARY CHINA

如果现代商业的都市文明从诞生之日就具备古典美学的特征，那么即使在数百年之后的今天，这些特征也可能因为社会整体审美的固化而呈现稳态特征。

受建筑学术派追捧的前沿观念（解构主义、极简主义、未来主义），与遵循经典美学特征的都会主义，在长时期内必将以一个平衡的状态，同时出现在我们的城市里。

在中国地产开发的建筑形式上，开发者和受众者不约而同地将西方古典特征作为认知基础，但在过去二十年里，这种"取自国外"的设计线索并没有被掌握到最佳分寸，导致 20 世纪 90 年代盛行的"欧陆风"（装饰错位的伪古典）、21 世纪初期流行的"Art Deco"（符号化的古典），直到 2015 年之后的"都会风格"，中国才真正跟上了这个领域的世界脚步。

与此同时，具有中国传统民间符号的"中式风格"也在局部市场得以流行。一、二线城市还在一些楼盘中追捧极简纯净的"现代风格"，甚至出现一些"奇奇怪怪"的另类住宅。但不论这些潮流起伏变化，我们发现，都会风格都以一种极致的稳态，占据着大部分购房者的审美意识。社区建筑风格的本质是关于空间消费的审美导向。

杭州万科海上明月（都易设计）

无锡万科北门塘上（都易设计）

濮阳建业通和府（都易设计）

# 2.3 | A BIG RETHINK
# WITH VANKE GROUP

## 设计师与地产商的共同思辨

杭州万科金辰之光（都易设计）

# 万科的思辨 1：
## 对消费者价值的尊重

RESPECT FOR THE CONSUMER VALUE

万科产品的核心理念，在于实现对消费者价值的尊重。在 2005 年以前，这个尊重主要来自空间、户型、生活观念上的引导，那个时期的产品，诸如四季花城、城市花园，大多如此；而在 2010 年之后，消费者对整体栖居环境的要求更高，需要万科将建筑、景观、示范区等诸多要素以一个整体的、具备城市信念的产品概念来推出，后来的翡翠系列、城市之光系列，都是在城市观念的基础上，实现对消费者价值的尊重。

# 万科的思辨 2：
## 大众社群的审美心理

AESTHETICAL STANDARD FOR
MASS POPULATION

社区形态的演变是时代的缩影，也是城市空间的某种映射。今日我们设计的都会风格，在未来某个时刻回看，也会带有这个时代的局限性。这个局限来自客观的城市管理水平的制约，也来自大众主观审美心理的制约，但从整体上看，都会风格的美学特征是比较节制地迎合社会中高端社群的心理意识。

佛山万科西江悦（都易设计）

嘉兴万科城市之光（都易设计）

嘉兴万科城市之光（都易设计）

# 万科的思辨 3：
## 加法和减法

### MORE OR LESS

相对于极简主义的现代风格，大都会风格做了一些"加法"，
与时俱进地保留了建筑符号的某些历史语言；而相对于早
先的新古典主义或 Art-Deco 社区，大都会风格做了一些
"减法"，将不必要的装饰成分尽可能精简。

## 万科的思辨 4：
## 区域集约
REGIONAL INTENSIVE

不管是在都市中心还是在近郊，都会风格都希望能够打造具备明显城市属性的社区风貌。万科的项目在分布上有一个重要的界定，即以一线城市（新一线城市）的中心区域为核心，扩张 100 千米来辐射出呈现都会面貌的全新社区，它们就像一个个新的引擎，有效疏散目前城市中心区的人口，表现出一种强劲的扩张趋势。都易在无锡、佛山等地的项目不无体现着这样的战略意图，在历史上的城市边缘的工业和生活混合地区，蕴含了无尽的能量去蜕变为更具备都市特征的全新社区。

常州万科公园大道（都易设计）

## 万科的思辨 5：
## 城市结构要素
URBAN STRUCTURAL FACTOR

在过去二十年中国的地产开发中，划地为营，注重社区内向环境而忽视社区在城市结构中的作用，是一种普遍现象。万科和都易的研究提出，大都会风格的社区之所以成立，其中一个前提是要让社区在城市的发展版图中形成关键要素。社区的规划、出入口的设置、建筑的天际线、商业的规模等，不仅仅是社区内部人群的使用决定，还应该与复杂的城市环境进行耦合互动，进而调整所在片区的城市格局。都会风格的实践，有利于形成多中心、多极轴、开放连接的城市结构。

杭州万科金辰之光（都易设计）

绍兴万科大都会（都易设计）

## 万科的思辨 6：
## 持久性的观念
PERCEPTION OF PERSISTENCE

在理解都会风格的设计中，除了玻璃和混凝土，"时间"是一种特殊的原料，是在城市中心辐射的新兴区域，在缺乏历史记忆的基地条件下，建立都市面貌的一种方法。都会风格将被认为是坚固而美丽、经得起时间验证的体系整体移植，直到整个环境以稳定的态势呈现之后，再考虑与众不同的新意。

在这个过程中，使用"大都会设计"的手法，能够比较有把握地与场地的过去和未来建立既定的关系，最终实现可持久的城市秩序。

杭州万科金辰之光（都易设计）

## 万科的思辨 7：
## 住区与城市

COMMUNITY AND THE CITY

我们必须认识到，房地产的开发和销售，只是住区动态生长的起点，只有让一个社区真正成为城市有机体的一部分时，设计的价值才能够得到最大限度的发挥。

每一个住区的问题，其实都是城市的问题。

大都会风格的设计，其实是将城市发展运作的要素，在住区层面进行微缩呈现，同时又与城市产生正向积极的连接。

地产项目的利润预期与建筑风格偏好呈现高度
的相关性。尽管大都会风格本身具有稳态特征，
我们依然可以研究如何在特定的城市历史和地
理条件下定制和创造出差异化的创新社区。

The profit expectation of real estate projects is
highly correlated with architectural style preference.
Despite the steady-state nature of the metropolitan
style, we can still study how to customize and create
differentiated innovation communities in specific
urban historical and geographic conditions.

STYLE

风格

MAIN STREAM

主流

3

创新 CREATION

SYMBOL

符号

STANDARD

标准

# 3.1 | THE 4 KEY-FACTORS REFLECTING
THE POPULARITY OF METROPOLIS-STYLE

## 都会风格在新一轮城市化中占据主流地位的四个关键原因

# 城市标识性

## URBAN LANDMARK

过去的住宅设计，从形式上说是局限在
"小区"范畴的，而新一代的都市社区，
需要树立在城市尺度上的形象，具备大
尺度上的城市标识感，成为大都会风格
的首要价值。

房地产开发商既是建筑的生产者，决定着建筑的风格和造价；又是投资损益
的承担者，负担房地产市场的风险。这个双重性必然导致地产商的价值取向，
他们向大众提供房产以获取利润，而利润的预期在很大程度上又是与建筑师
的风格偏好息息相关的。当房地产本身日趋饱和时，销量的竞争实际上就几
乎等于风格的竞赛。地产商必须具备足够成功的风格意识，以提前发现那些
赢得主流审美情趣的建筑形式，这意味着慎重地选择"合适"的风格，成为
制胜的关键。

而大都会风格意味着什么？中国的城市化进程是一条不断徘徊和往复的过
程，有着我们的文化、国情、经济条件的制约。而在移植西方现代城市面貌
的同时，我们也发现了都会文明存在某些古典法则，有助于中国未来 20 年
的城市发展在两个方面的价值提升：一个是城市中心区域的整体品质的复苏，
一个是城市辐射区域的新城的都市化面貌。万科作为地产行业的领先企业，
在十年前就开始思考城市本质的问题。这十年来，都易设计也不断实践，与
万科共同将属于这个时代、属于中国国情的大都会设计风格打造齐备，并不
断发展。从地产角度看，大都会风格存在四个方面的显性价值，成为它与这
个时代的耦合呼应。

## III 品质可控性
### SENSE OF INHERITANCE

一旦经过得体的设计和标准化的实施，大都会风格的建造工艺可以做到像汽车制造一样精准可控，从而避免经验差异带来的品质风险。

## II 审美稳定性
### CLASSIC AESTHETICS

大都会风格的实例已经引起了市场的强烈共鸣。伴随着中国城市化的进程，未来中国有 60% 的人口生活在城市，在特定的时代背景下，这种稳健的风格依然长期在城市社区中占据首要的审美地位。

## IV 时间传承性
### QUALITY CONTROLLABILITY

大都会风格经过百年的演变，经得住时间的考验。当人们把这样的社区传递给下一代时，它们依然能够不断传递经典的价值。

3.2 | RE-DEFINE METROPOLIS-STYLE
AT PRESENT

从时代需求来重新定义大都会风格

**经典都会**｜将美式新古典主义的美学比例结合当代中国生活方式进行精简优化。

**使馆都会**｜用百年西洋领馆的文化气质回应高端知识阶层的审美诉求。

**江南都会**｜在江南烟雨和水墨风情之中刻画典雅隽秀的都会之美。

**现代都会**｜在现代主义原核之上，强调垂直感和厚重感的摩登之美。

经典都会

使馆都会

步入 21 世纪之后，世界城市化的中心转移到中国。随着中国城市居民文化素质和审美水平的提升，中国的国情进入了一个更富裕、更有品位的阶段，所以我们判断都会风格会在这个新的历史时期再次得到重视和发展。

都会风格的核心是城市，本质的理想是帮助城市中心进一步建立起自身的标识。而城市是一个复杂的肌体，不同的城市，不同的地理气候条件和历史传承，会产生非常大的差异，所以都会风格也需要针对不同的城市进行"定制"。

江南都会

现代都会

# 3.3 | FINDING NEW WAVES OF METROPOLIS-STYLE

寻找新时代大都会风格的设计突破点

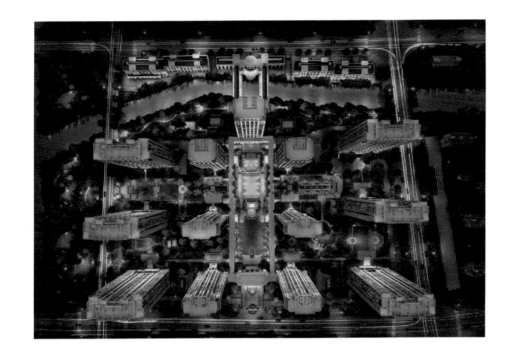

绍兴万科大都会的总平面呈现出经典的轴线格局

# 规划先导
## PLANNING

### 把握住城市意义的街区感和边界性

在总平面上，大都会风格的规划界面可以做到非常完整，有属于自己的集中度，归纳出有逻辑的轴线序列，在住宅实践中实现天际线的标识感。

杭州万科金辰之光的立面呈现厚重的垂直感

# 建筑塑形
## BUILDING

### 塑造更为厚重的实体感和垂直感

与装饰艺术（ArtDeco）或新古典主义相比，大都会风格更加厚重，具有整体精练感。例如都会风格建筑的立面开窗更大，以适合现代生活的使用需求，不过多使用垂直线条，而采用整个"面"的竖向表达来体现挺拔。

广州万科欧泊项目的精彩细节

## 细节呼应
## DETAIL

**精准的细节能够与整体格局相呼应**

大都会风格通过严谨精致的细节呈现，实现建筑体验
的情感共鸣。由于大都会风格建筑本体的装饰成分会
比古典主义更精练，这同时就要求在仅有的细部方面
必须更加经得起推敲。例如，灯具和门拱，在材料和
细节的设计上必须显得非常考究，让这些精准的细节
能够与大的格局相呼应。这一点很像现在奢侈品的设
计趋势，整体的装饰数量在减少，但为数不多的装饰
位置却呈现高度精致化的细节。

上海万科青藤公园体现出整合而创新的设计感

## 一体管控
## CONTROL

**从多专业的视角来整合设计**

都会风格需要从规划、建筑、结构、景观、室内等多
专业的视角来进行整体设计，以实现整体的界面感。
在近期的几个项目中，都易设计逐渐转换成主动为客
户控制整体效果，也就是我们常说的"一体化设计"，
本质上与建筑师负责制一致。这样做的结果其实是获
得了一种综合效率上的最优化的解决方案，也具备更
复杂的适应性。

大都会风格不仅是设计美学，也是先进生活方
式的体现。本章定义了大都会风格的多个设计
准则，它们是优秀设计的前提所在，并且需要
贯穿项目开发的全程执行，代表着建筑师用"产
品思维"将设计风格要素进行标准化研发。

*Metropolitan style is not only design aesthetics,*
*but also an embodiment of the advanced lifestyle.*
*This chapter defines multiple design criteria of*
*metropolitan style. They are the premise of good*
*design and need to be implemented throughout the*
*whole process of project development, representing*
*the architects to standardize the design style*
*elements with "product thinking".*

DEMONSTRATION AREA

示范区

FACADE

立面

准 则

PRINCIPALS

DETAILS

细节

LANDSCAPE

景观

规划准则：等级序列

# M-Plan:
## 大都会风格的规划准则

METROPOLIS-STYLE
PLANNING

大都会风格的规划原则在于营造具有城市标识感的社区规划。规划的最初环节，并非从地块本身来考虑城市设计，而是要从两三千米甚至更大的城市范围来决定建筑的布局，并逐步推演出规划的张力。

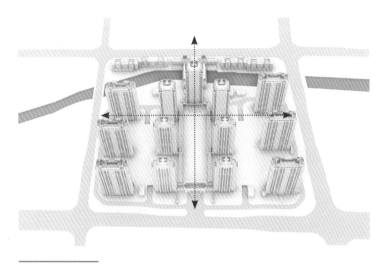

规划准则：对称布局

规划准则：交通组织

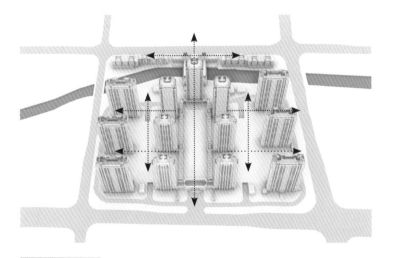

规划准则：空间形态

**规划结构**｜都会系产品在规划结构上立足于清晰的逻辑感，在对称布局和轴线序列的基础上，形成地块自身的集中度和完整的界面感。

**空间形态**｜都会系产品的空间形态需要从整体上把握都市的街区感，站在比普通社区更大的城市格局来决定建筑布局，突出建筑群的高低错落，形成有标识感的城市天际线。

**等级序列**｜都会系产品的规划设计有着严格的空间级属概念，从城市界面、社区入口、中央花园到邻里庭院，逐级展开空间叙事。

**交通组织**｜在符合人车分流和消防动线需求的基础上，都会系规划在交通组织设计上的最大特征是清晰的道路层次、高效便捷的车库出入口设计，以及具备运动和社交特征的人行步道系统。

**住宅组团**｜都会系产品的高层建筑的组团规模控制在由 4~8 座单体组成，建筑体量 30 000~50 000 平方米；别墅和洋房的组团的建筑规模控制在 20 000~30 000 平方米。

**商业分布**｜都会系产品的商业通过集中分布和线性分布两种基本方式进行组织，其中，集中分布适合于社区规模较大且有集中场地的规划条件；线性分布应用于适宜步行的街区组团，且沿街长度不宜超过 200 米。

# M-Block：
## 大都会风格的示范区准则
METROPOLIS-STYLE
EXHIBITION AREA

大都会风格的示范区设计原则在于尊重都市真实的生活场景需求，严格控制建筑规模，在项目交付之后尽可能减少拆改，使得项目初期的展示空间与投入使用后的功能空间尽可能顺利转化。

绍兴万科大都会示范区主动介入城市街道

**主要界面**｜在项目的开发中，我们可以将都会系示范区首先理解为城市界面的节点。考虑到建设用地与城市道路的复杂关系，示范区的设置可以存在转角、中轴、内置、连接等多种布局的可能性，并尽可能沿城市道路展开景观界面。

**动线体验**｜都会系示范区的主动线包括城市界面、主入口、接待区、模型展示、洽谈区、样板房、休憩和儿童娱乐设施等一系列的主要功能，相当于现代都市中的微缩城市，以使用者为中心展开空间叙事。

**建筑形态**｜示范区建筑的造型设计遵循经典的美学比例和当代的审美观念，保持纵横分段构图上的逻辑感和层次感，保持简约有力的设计细节，并与社区主体建筑具备协调一致的建筑色彩和符号特征。

**景观要素**｜都会系示范区的景观设计需要为体验者创造时尚、健康、社交氛围浓厚的场景，它如同城市的一条故事线，充满邂逅和惊喜。

**室内装修**｜都会系示范区的室内设计保持空间的原质性，回避浮华的装饰堆砌，但高度注重细节的精致以及内部空间元素的秩序感和品位感。

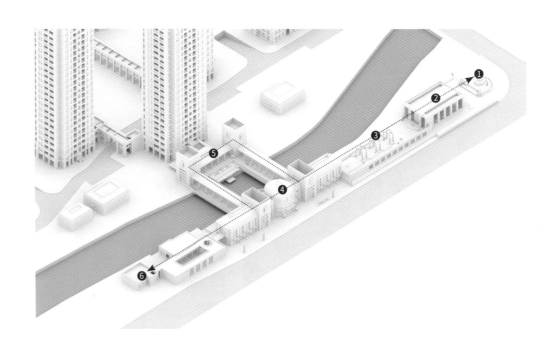

示范区准则：动线体验

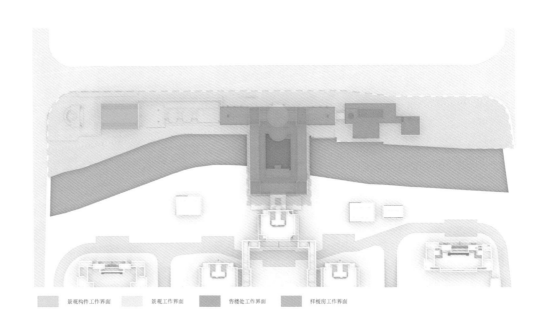

示范区准则：界面控制

景观构件工作界面　　景观工作界面　　售楼处工作界面　　样板房工作界面

# M-Facade：
## 大都会风格的立面准则

METROPOLIS-STYLE
ELEVATION

大都会风格的立面准则在于构图的严谨性
和与现代户型相呼应的整体感。

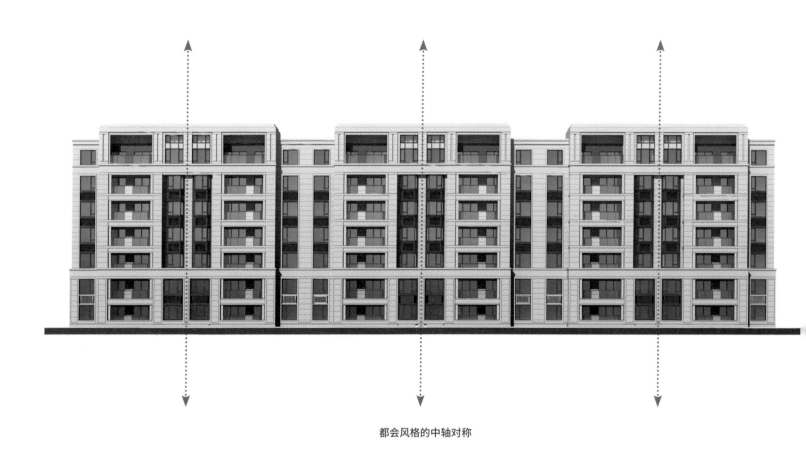

都会风格的中轴对称

立面准则，横向分段

**构图**｜在竖向和横向的三段构图上，都会系的分段更有层次感和嵌套感，在建筑
立面整体的三段布局之中，针对每一段还有第二层次的分段逻辑，构图更为立体。

**朝向**｜古典主义的楼盘比较注重南北两个主立面，而都会风格却将侧山墙提升到
与主立面同样重要的地位，使得建筑在不同角度、不同距离均保持地标感。

**垂直**｜在平面户型对面宽的要求（高宽比）的影响下，都会风格的建筑依然保持
着垂直感，突出建筑构件的竖向特征，以实现都市高耸的美学魅力。

**简约**｜建筑细节简约有力，不追求繁复装饰，往往只在关键部位配置点睛一笔的"建
筑首饰"。

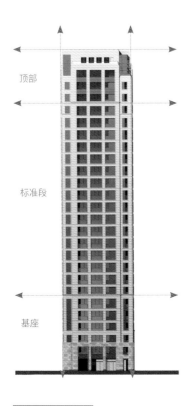

**一梯两户**

顶部的退台处理，增强了建筑层次性，通过建筑元素的区别处理，强调三段式

中轴对称，虚实对比

底部通过大量石材与装饰铝板烘托出建筑的高贵品质，增强建筑的稳固感

顶部

标准段

基座

立面准则，竖向分段

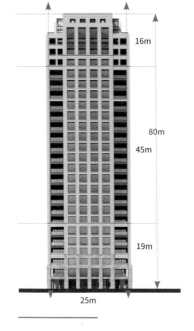

16m

80m

45m

19m

25m

立面准则、尺度控制

浅米色真石漆

浅米色真石漆

深古铜色涂料

深古铜色涂料

浅米色真石漆

浅米色真石漆

立面准则：顶部收官

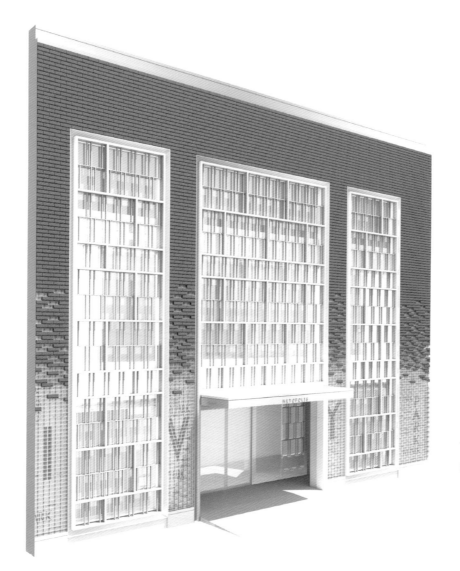

门窗细节与建筑尺度的控制

# M-Details:
## 大都会风格的细节准则

METROPOLIS-STYLE
DETAILS

大都会风格的细节设计准则在于对材料体系的严格推敲，以及对建筑装饰与整个格调的延续感。

**材料体系**｜都会系产品的立面材质集中在天然石材、真石漆、铝板等为数不多的选择之中。在分缝与分色上，都会风格在不增加施工难度，并且有效控制成本的前提下，通过材质的划分使得立面尺度更为生动。与此同时，都会风格重视建筑顶部的收分和窗顶边线的处理，以及画龙点睛的"建筑首饰"。

**细部设计**｜虽然建筑装饰更为简约，但都会风格依然能够实现丰富的光影变化。主要手法是突出立面壁柱及纵横线脚的处理，结合立面构图的分段，让光影渗透在细节之中。在近人尺度的入口和门窗位置，都会风格的立面配合灯具及雨棚，体现出精致的价值感。

古典建筑中具备功能性质的细节，在今日的大都会风格中，被善意地转换为具备文化属性的构造特征。图中，历史上作为排烟取暖功能的烟囱、作为防护功能的女儿墙、作为遮雨功能的檐口、作为照明功能的壁灯，在如今的设计中均保留了形式意向，成为细节上的点睛之笔。

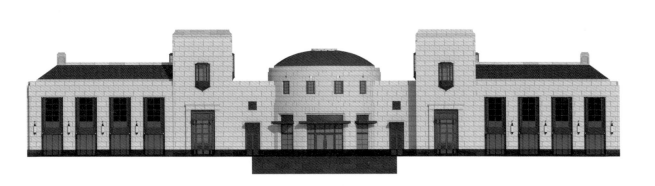

幕墙金属与石材部分的细致推敲

# M-Garden：
## 大都会风格的景观准则

METROPOLIS-STYLE
LANDSCAPE

大都会风格的景观准则在于实现典雅与时尚、实用相融合的生活环境。

景观都市主义是近二十年来人们对城市、景观、建筑相关领域的新的思考，即面对当今城市的变化和困境，试图使景观成为重新组织城市形态和空间结构的重要手段，它对大都会风格的社区景观提供了前瞻性的指导意义。

景观准则：塑造到访体验

景观准则：关注艺术匹配

**到访**｜都会系的景观设计力求呈现高度有序的整体格局。回家和到访路径作为社区内的线性景观，需要通过街灯、围栏等元素的特征形成一定的序列感和属地感。步行空间与车行空间之间至少设置一层景观缓冲区。地面铺装可采用硬质材料与软质材料结合，并考虑盲道。

**艺术**｜都会风格按生态与美学原理对地景结构与形态进行具体配置，包括雕塑、装置艺术、壁画、园艺、艺术喷泉等，提升社区品位，带来视觉和触感上的惊喜。

**亲子**｜都会系的儿童景观恰如城市中的儿童公园，可容纳不同年龄儿童的游戏需求。它往往居于社区动线的一角，与社交空间相辅相成，充分利用软质材料，配置鲜活的色彩设计，并借绿化植被形成具有围合感的安全区域。

**社交**｜在现代景观设计学中，"景观"的本意就是表达人与场所之间的紧密关系。社区的庭院和广场，可通过景观化处理，促进不同家庭和知识背景的人群彼此交往，形成富有情感的社区氛围。地块内部的小型水体可结合庭院休憩空间进行景观营造。

**运动**｜都会系的景观设计注重都市人群对健康的需求，结合社区消防环路设置优美的夜光跑道，并集中配置的全龄室外健身区，实现不同年龄阶段、不同家庭角色的健身需求。

景观准则：提供社交氛围

景观准则：提供运动空间

在经过对大都会风格的溯源和思辨，提出创新
思路和设计准则之后，本章回归实践，从都易
设计与万科集团共同塑造的数十个项目中精选
出八个案例，从不同维度验证着本书前文的理
论思考。

*After tracing and speculating on the metropolitan
style, and putting forward innovative ideas and
design criteria, this chapter returns to practice. Eight
cases are selected out from dozens of projects, all of
which come from the joint shaping of Dotint Design
and Vanke Group, verifying the previous theoretical
thinking from different dimensions.*

CLASSIC

经典

COLLEGE

学院

实 践

PRACTICE

EMBASSY

使馆

CENTRAL

中原

经典都会沿街立面，日景实景

# 在时代前行之中再塑经典：绍兴万科大都会
## SHAOXING VANKE METROPOLIS

绍兴万科大都会的设计关键点在于对大型社区空间体系的熟练控制，通过流
畅的天际线布局、延展的城市界面、移步换景的动线、与外部景观高度契合
的户型设计，在时代的前行之中镌刻新一代的都会经典。

**工程档案**
**Project Credits**

**项目名称：** 绍兴万科大都会
**项目类型：** 高层住宅、综合社区
**项目位置：** 浙江省绍兴市越城区
**业主单位：** 绍兴万科房地产开发有限公司
**建筑设计：** 上海都易建筑设计有限公司
**设计总负责：** 杨锋
**占地面积：** 65 200 平方米
**建筑面积：** 136 000 平方米
**建筑高度：** ≤ 80 米
**容 积 率：** 2.1
**绿 化 率：** 30%
**设计周期：** 2017—2019

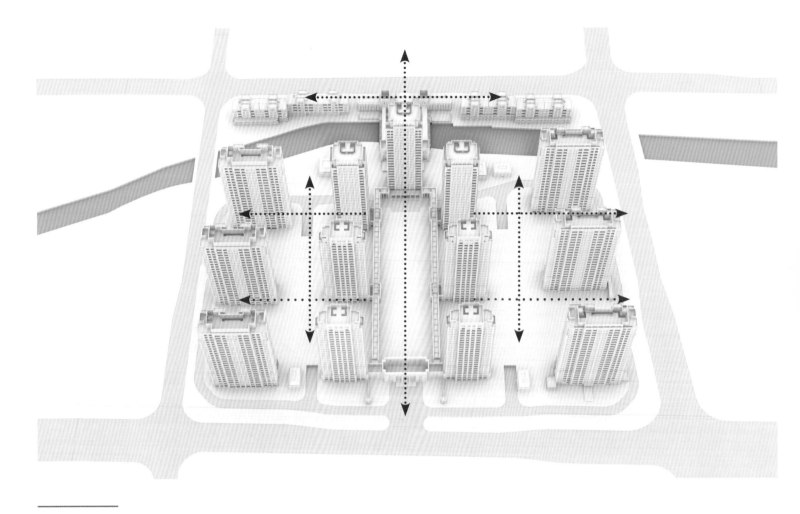

规划准则：空间形态

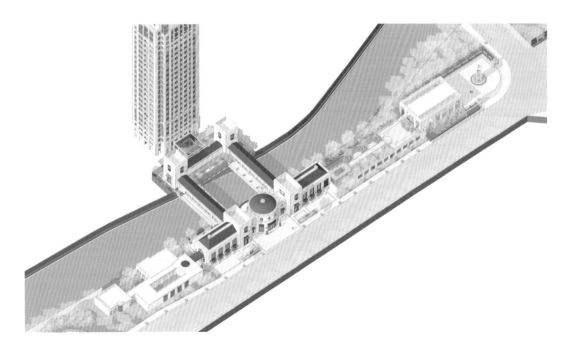

示范区全景轴侧

# 打造富有序列感的空间体系

## SPACE SYSTEM THROUGH SENSE OF ORDER

都易设计采用最擅长的轴线手法来塑造都市中心社区的规划格局,通过南北纵向的景观轴线,与地块北部东西走向的小河形成正交关系,确立了整个社区的基本秩序。地块南部的A区块对称布置了13栋高层住宅及相应的配套用房,在南侧横湖路及西侧本觉路上各设一个地块出入口;B区块一层设置为商业,上面四层为住宅,创造临近水系的亲和感。南北地块之间设置景观步行桥,增加了两个地块场所的联系感,也加强了建筑轴线的纵深感。平面上的"三纵三横",形成1个中心花园、2个社区组团、3条步行街道、4座景观院落的层次感。

特别值得一提的是示范区的动线体系设计,由于场地的北侧沿街界面较长,建筑师因势利导地设计了丰富的空间迭代。从西北角作为"社区前场"的公共广场开始,到由景观柱廊构成的示范区入口,以及精致拱廊限定的室外步道,都会的仪式感逐级代入,随后,圆形的示范区成为空间序列的第一个高潮,这里顺理成章地陈列了整个社区规划的精致沙盘模型。此时,空间的路径开始戏剧性地形成回路,访客可以继续前行抵达样板房,也可以通过跨水长廊,深入社区地形,体验临水栈道的江南韵味。长达200米的空间被一系列起承转合的设计,赋予了情绪上的张力。

在社区南北主轴的空间体系上,都会主义的设计手法得到更加强烈的验证。在整个社区竣工之后,南北主轴上的架空环廊,将与北区示范区的临河趣味回廊形成连接,通过入口、中心花园等多个节点景观,串联出气势磅礴的归家序列体验,同时也实现了多级物管的保障安全体系。

虽然整体社区呈现高度的秩序感，但在建筑美学的塑造上，依然具备江南生活格调所追求的精致感和细腻度。在绍兴万科大都会，建筑的尺度和细节的设计控制可以体现在严谨的构图之中。

这种严谨首先来自都会风格在古典美学意义上的传承。在竖向和横向的三段构图上，立面分段更有层次感和嵌套感，在建筑立面整体的三段布局之中，针对每一段还有第二层次的分段逻辑，构图更为立体。特别是对东南西北四个立面保持均好的设计，使不同角度、不同距离观看建筑时均有城市地标的视觉感受。建筑的基座在近人尺度上，通过石材与装饰铝板的拼贴划分，强化了建筑的稳定感和经典时尚的气质。

从高层建筑的尺度上说，绍兴万科大都会在满足平面户型对面宽的基本要求的基础上，通过建筑构件的竖向特征以实现高耸的都市魅力，也是一个显著的设计要素。尽管建筑的最大高度只有 80 米，但在城市的范围看，设计上的垂直感会显得整个建筑群落更有气势和天际感，在更大的尺度上与城市秩序保持着和谐的韵律和秩序。

与南侧的高层建筑不同，北部沿街的示范区和商业中心，构成了低密度的都市界面，在向传统城市尺度致敬的同时，也把都会风格的精致感在第一时间传递给了街区过客。在步行穿越展示中心与南部地块连接的小桥之时，中国历史的江南与都会未来的江南，在这个时刻获得了新的连接。

# 严谨而精致的建筑立面美学
ELEGANT AND PRECISE
FAÇADE AESTHETICS

钟塔广场

柱廊前厅

拱形花径

入口拱廊

会所大堂

陈列圆厅

水院连廊

样板房内院

会所大堂

陈列圆厅

水院连廊

样板房内院

# 关键空间界面
## SPACE CONTEXT

**钟塔广场**｜位于地块西北侧的钟塔广场是一系列空间叙事的起点，也是连接城市街道与绍兴万科大都会社区的关键界面。几何形制的半围合广场和阶梯形成有秩序感的公共空间。

**柱廊前厅**｜这里构成了从公共空间向半公共领域过渡的重要衔接，也回应着整个社区的严谨布局和微缩轴线，以及精致的细节元素体验。

**拱形花径**｜这里由一组拱形露天圆廊构成，是空间序列的第三层过渡，暗示着天空与大地的直接关联，也赋予空间体验更为延展的仪式感。

**入口拱廊**｜位于示范区中心会所入口的拱廊，进一步强化整个动线体系的连续和连接。

**会所大堂**｜双层挑高的会所大堂是都会风格的最佳释义，地面、天花板、墙面的模数高度契合，简洁的几何形态之中嵌套着微妙的层次感。机电管线设施被巧妙隐蔽在结构之下。

**陈列圆厅**｜圆厅位于整个空间序列的中心位置，建筑模型上空直径 9 米的中心挑高，使二层的环形走廊与一层的陈列空间形成良好的视觉通透感。

**水院连廊**｜位于会所空间南侧，是连接住宅大区与北侧商业界面的核心空间，也是整个社区南北主轴的关键节点。两条跨水连廊与南北两岸的建筑围合成方形的水景庭院。

**样板房内院**｜内院位于示范区动线东侧最末端，由柱廊围合成水景庭院串联起多个不同户型样板空间的精彩序列。

杭州万科金辰之光

**工程档案**
**Project Credits**

项目名称：杭州万科金辰之光
项目类型：高层住宅
项目位置：西兴路与滨康路交叉口西南约 400 米
业主单位：杭州万科房地产开发有限公司
建筑设计：上海都易建筑设计有限公司
设计总负责：杨锋
占地面积：67 425 平方米
建筑面积：248 061 平方米
建筑高度：≤ 100 米
容 积 率：2.8
绿 化 率：30%
设计周期：2013—2014

# 地产与城市的美学共鸣：
# 杭州万科金辰之光

## HANGZHOU VANKE JINCHEN LIGHTING

金辰之光中轴对称的园林布局是基于欧洲古典主义的建筑美学比例，使社区具备了城市级的仪式感，而开放式的公共绿地则为城市增加了景观界面。设计采用更精练而富有力量感的线条来表达出都市的挺拔，强调天际线的垂直感。

## 设计的起点在于对地产策略的解读
DESIGN START FROM DEVELOPMENT STRATEGY

在都易的视野中，不同的地产策略，决定了不同的设计风格。

从万科在杭州的战略布局可以看出，滨江以南的萧山，西溪以西的良渚，都是城市版图发展的重要极轴，但适合两种完全不同的开发策略。良渚的项目往往立意自然环境和历史文脉，而萧山则依托紧邻滨江 CBD 之势，以高密度的"都市化"为开发目标。杭州金辰之光项目所在地块为萧山 47 号地块，地铁 1 号线和 5 号线在附近均有设站，滨康商业综合体也近在咫尺，距离杭州火车站 20 分钟车程，一系列优越的外部条件使此处具备成为钱江南岸一线席位的价值。如果仅仅抱以当时流行的 Art-Deco 或新古典风格来设计，可能会丧失对未来的领先之势，于是，都易设计早在 2014 年，就试图从金辰之光案例出发，探索一种比"传统城市居住社区"更符合未来都市情景的设计策略，这就是当代中国的"都会风格"。

开阔的栋距形成了宽敞的城市庭院尺度

社区内景

建筑单体

## 用都会风格实现地产开发
## 与城市美学的共鸣
### SYMPATHETIC IN-BETWEEN
### URBAN AESTHETICS

都会风格作为一种城市美学，将人居设计纳入城市的价值尺度。

二十年来的中国社区设计，从形式上说一直局限在"住宅小区"的概念边界，而如果放眼世界一线城市的核心区位，高层住宅无一例外具备城市尺度的标识意义。金辰之光作为萧山板块未来的中心地块，对城市的意义更大，或者说城市对新开发项目的标志性有一种潜在的要求。

金辰之光的规划不仅仅是日照、消防、容积率的控制，而是在更大的尺度上与城市保持着秩序共鸣，都易的设计使人们即使从 5000 米之外来远眺，依然具有某种强烈的吸引力。

具体说来，都会风格追求一种整体感，设计采用更精练、更有力量感的线条来表达出都市的挺拔，强调出"天际线"的"垂直感"。金辰之光中轴对称的园林布局是基于欧洲古典主义的建筑美学比例，使社区具备了城市级的仪式感，而开放式的公共绿地则为城市增加了景观界面。在细节上，金辰之光的设计比很多古典主义社区更简洁，比起现代风格则更厚重，12 座 26~34 层的百米塔楼分布在规整有序的地块之中，总体布局形式规整，形成和谐的建筑韵律。建筑单体的 4 个立面保持均衡（与仅刻画南立面的普通居住社区有很大的差异），形成一眼可辨识的高品位风貌。

# 巧妙定制集约高效的居住空间格局
## INTENSIVE AND EFFICIENT LIVING SPACE

都会风格不仅是设计美学的问题，也是对这个时代生活方式的回应。

作为万科体系内的品质生活典范项目，杭州金辰之光的核心价值代表着高效、便捷、时尚、进取的都市生活格调。都易设计为新一代的城市人群定制了 90 平方米的四房两厅的极致户型，并且实现多达 25% 的附赠使用面积。户型的流线设计和房间组合方式非常符合江南气候和生活习惯，利用周边各种巨大的城市景观优势，创造小面宽、大视野的景观房。空间局部采用景观横厅的处理方法，强调景观资源利用最大化。住宅地下车库和地上双大堂设计，更是成为滨江萧山区域的地产新标杆。

金辰之光是都易设计在"都会风格"上的第一次成功尝试，从规划布局、建筑美学、户型研究、景观环境，无不体现出对新一代城市社群的体验关注。"出则繁华，入则享静；居于都市，尊于内心"，这是当代中国城市生活的追求，也是都会风格的最佳实证。

近景尺度的城市界面

# 都会营城：常州万科公园大道
CHANGZHOU VANKE PARK-AVENUE

全景界面

**工程档案**
**Project Credits**

**项目名称:** 常州万科公园大道
**项目类型:** 高层住宅、综合社区
**项目位置:** 江苏省常州市金坛区
**业主单位:** 无锡万科房地产开发有限公司
**建筑设计:** 上海都易建筑设计有限公司
**设计总负责:** 杨锋
**占地面积:** 374 000 平方米
**建筑面积:** 747 000 平方米
**建筑高度:** ≤ 60 米
**容 积 率:** 2.0
**绿 化 率:** 30%
**设计周期:** 2018—2019

# 每座城市都期待属于自己的都会时代

EVERY CITY HAS ITS METROPOLIS-TIME

中国城市化即将进入 21 世纪的第三个十年，城市的扩张依然动力十足。早在 2015 年 4 月，经国务院批准，江苏省撤销县级金坛市，设立常州市金坛区，使常州的城市版图有了实质性的扩增。在短短的几年内，金坛大道等路网改造、金坛行政服务中心、金坛图书馆、金沙中学、水上运动中心、晨风国际会议中心等基础设施均相继建设和竣工，万科集团相中了金坛滨湖新城东侧的一块土地，用以建设目前万科在华东区域最大规模的社区营造项目。

在任何时代，全新的大型城市社区设计，对于建筑师而言都是一件令人兴奋的挑战。而在当下相对紧缩的市场环境中，面对大规模整体开发项目所潜在的风险，开发商在开发阶段非常重要的一点是确立能够赢得主流市场追捧的建筑风格。这方面，都易设计的总建筑师杨锋信心十足，这已经是都易与万科集团的第 39 次合作，双方共同研发的"都会风格"是快速建立经典社区标识的最佳途径。

然而，本项目的尺度超出了迄今为止的全部都会社区的范畴。近百座建筑单体的规划布局，不能沿袭都易既有的常用手法，而是要找到都会风格在更大尺度上的实操路径。都易设计采用三个策略来完成这样一次"大手笔"的具备战略意图的设计方案，实现了"社区中心 + 规划主轴 + 公共体系"的三重营造。

建筑正立面

# 强化空间体系的秩序和界面
## FROM SPACE ORDER TO INTERFACE

都会风格的第二步，在于对空间体系的营造。常州万科公园大道在这个层面上主要落实在"一横一纵"两个主要轴线的控制上。

横轴利用两侧绿化空间打造带状开放公园。整条轴线由多个街头公园、口袋公园、运动中心、宠物社交区等空间组成。整个横轴长达 900 米，为社区的未来创造年轻、开放、富有活力的生活氛围。

纵轴由社区入口公园、社区生活中心和中央公园构成。纵轴长度近 500 米，沿线串联了社区生活中心和横向的带状开放公园，成为社区生活的核心空间。共享、聚会、学习、办公，构建出一种有仪式感的都会生态系统。

而在城市界面的塑造上，都会风格绝不满足于"强排效果"的社区布局，而是通过调整高层住宅高度、组合形式、面宽种类，以及增加部分南侧高层组团，以丰富整体城市天际线。

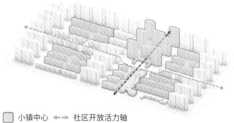

□ 小镇中心　←→ 社区开放活力轴
社区组团　←→ 社区邻里生活轴

## 私人订制的 "微缩城市"
### CUSTOMIZED MICRO-CITY

都会风格的第三步，在于解决社区场景氛围的终端营造。与一般高密度的城市中心社区不同，对于常州万科公园大道，都易设计采用游刃有余的街区空间来预置和优化"都会场景"的各个环节。

在交通空间体系的营造上，规划围绕小镇中心设置了多个车库出入口，保证了停车的便利性以及步行系统的优先级。对于小镇的中心区域，设计通过增加商业外摆、局部设置路边停车来体现"美式街区"的魅力氛围。

在进行五个社区组团深化设计的同时，都易重点研究了示范区的场景设计。从都会风格的角度理解，体验中心不是示范区，而是一个定制的"微缩城市"。示范区的会所空间（未来运营为社区活力中心）被设计成集中式、弧线型的建筑形式，一方面易于围合出一个有古典气质的入口广场，一方面也有利于未来的日常运营。示范区为社区图书馆、幼儿园、垃圾中转站、零售空间、健身设施等高品质生活需求预留了足够的空间，随着社区的分期建成入住，中心的服务设施可以进一步沿着中央轴线加以扩展。

常州万科公园大道验证了都会风格设计体系在大型社区的主流实践，将"社区中心＋规划主轴＋公共体系"的设计思考提炼到更为成熟的操作高度，强化了超大尺度社区的规划形象和溢价能力，成为设计思维与产品战略紧密结合的成功之作。

# 大盘示范区的关键空间界面
## KEY-SPACE AMONG EXHIBITION AREA

城市广场

**城市广场**｜位于地块南部入口的城市广场是常州万科公园大道的空间起点。三层的圆厅建筑展现出温和包容的空间界面。停车场地被巧妙地隐藏于景观一侧。

**银杏大道**｜南北走向的银杏大道是未来整个社区重要的景观道路，它连接着城市主干道、丰富的商业设施以及时尚的景观空间。沿着大道可以观赏到整个示范区的弧形建筑界面。

**南侧副楼**｜连接着圆厅建筑与中央会所的是一组二层的过渡空间，上下层整合的金属门窗凸显出精致的序列感，而在一层局部开放的拱廊则使得整个建筑与景观有了对话的空间。

**景观连桥**｜时尚动感的景观设计与经典而富有秩序的建筑之间，通过一座起伏的连桥形成了对话。连桥下方开放出下沉式的庭院空间，增加了场所的体验感和仪式感。

**照明体系**｜穿孔板的栏杆在夜晚呈现不同的色彩，将主体建筑包围在时尚的氛围之中。

**中央使馆**｜示范区的中央建筑是整个建筑序列的核心，在两侧对称的过渡空间的烘托下，显得尊贵而端庄。从立面的细节上来欣赏这座建筑，可以看到一层的拱廊、二层的挑高玻璃窗、三层的圆形柱廊共同形成了立面纵向的韵律，而横向三段的韵律也通过建筑收头和屋顶的处理而分外典雅。

**北侧副楼**｜北侧副楼与南侧副楼对称布局，拉开了更为深远的空间体验序列，也使得整个示范区的都会风格呈现完整的一体化面貌。

**圆厅书苑**｜北侧的圆厅图书馆成为空间的另一个重要节点。它与城市入口处的圆厅建筑体量相仿，但采取了通透现代的玻璃立面手法。作为学习型的知识空间，在与之前一系列的古典格局的对比之中，展现了对未来的向往。

照明体系

中央使馆

银杏大道

南侧副楼

景观连桥

北侧副楼

圆厅书苑

城市界面

# 明日江南：无锡万科北门塘上
## HONOR IS IN THE HEART

北门塘上具有恰如江南文人般的含蓄和精致，虽然装饰线条被几近严苛地控制在"都会"建筑语言范畴之内，人们依然可以从第一眼就辨识出，这是一个属于江南、并且只属于江南的人文社区。

工程档案
**Project Credits**

**项目名称:** 无锡万科北门塘上
**项目类型:** 高层住宅、洋房
**项目位置:** 无锡市梁溪区广石路
**业主单位:** 无锡万科房地产开发有限公司
**建筑设计:** 上海都易建筑设计有限公司
**设计总负责:** 杨锋
**占地面积:** 26 900 平方米(一期)
**建筑面积:** 106 400 平方米(一期)
建筑高度:< 100 米
**容 积 率:** 3.0
**绿 化 率:** 30.2%
**设计周期:** 2017

## 江南愿景
### A WISH IN JIANGNAN

2017 年，万科为江南名城无锡带来了一座引以为豪的文化社区："北门塘上"。在八月的夏夜晚风中，万科集团联合江南晚报、梁溪区美术家协会等机构共同举办了案名揭晓及一系列文化活动，为万科在无锡的第十号作品正式定名，瞬间成为全城关注的地产事件。

万科地产与都易设计共同许下一个关于"江南"与"都会"的双重心愿。在无锡北门塘上，万科以其最高端的 TOP 系都市住宅产品，表达着建筑语言与城市土地和谐共生的开发态度。都易凭借精心雕琢的江南都会风格，为现代空间注入凝练唯美的东方古典情韵。

内部广场与城市连接

示范区空间模型

烟雨江南

# 与城共生

## CO-LIVING WITH THE CITY

创造与城市的紧密关联，将社区还给城市，是都易与万科一拍即合的共同理念。无锡北门塘上示范区，不仅可"观赏"，更可以"使用"。初建时，示范区作为展示和文化事件空间，交付后，兼具社区中心和健康服务功能，成为社区与城市连接的重要节点。常见的示范区往往占据地块街角，以方便 270 度全景展示和人流出入使用。而在无锡万科北门塘上的设计中，出于规划的紧凑性和交通流线的最优保障，展示区被设置在东侧两座高层之间的沿街位置，与街道形成一定的夹角。都易设计巧妙利用了这样的场地限制，使内部广场与城市连接设计出暗藏惊喜的江南韵味。

建筑细部

# 三重院落
## TRIPLING YARDS

尽管限制重重，都易设计的两个核心思路从规划布局到示范区却从未改变：其一，创造示范区与城市的紧密关联性；其二，让示范区承载案名，承载中国江南传统文化的创新表达。

从第一点上说，将街道还给城市，似乎是万科的一贯理念。让示范区不仅可"观赏"，更可以"使用"——北门塘上的示范区将兼具文化中心和健康服务等功能，并且能够成为社区与城市连接的重要节点。为了达到这样的目标，都易设计在局促的地形中精心安排了三重院落：结合城市街道及入口大门，通过独特的照壁设计和大树景观，形成了完全开放的城市院落；步入正门，步履缓行，如同归家之径的指引，架设在水面上的连廊分隔出半开放的社区院落；继续在行进中探访，感受连廊与内部庭院如同传统江南园林般积极互动的关系，不经意间发现第三个庭院，松石相映，气雾环绕，方寸之间，别有洞天。

从第二点上看，建筑如果要承载无锡文化的深层意图，则需要创造更加精准的形式语言。都易设计为北门塘上的示范区精选了多种立面方案，最终采用暗铜色的金属边框、浅色的石材、大面积的通透玻璃（上刻水墨图景）相组合的方式。设计的意图被集中在建筑比例和细节的雕琢之中，例如，连廊的照明灯具暗藏在柱头、柱础之中，如江南文人般的含蓄和精致。虽然装饰线条被几近严苛地控制在精简的范畴，但人们依然可以从第一眼就辨识出这是一个属于江南的社区。在精心调试的照明氛围下，中庭景观融入老北塘黄金水道"塘河"主形象，取蜿蜒悠长的河流意向，枯水时，露出大地纹理；半水时，山水俱全；满水时，印月融天。

这组建筑在通透的夜色中，用现代的光影点亮了老北塘的记忆。它提醒着我们：历史从来都不是转瞬即逝的偶然，漫长的岁月为我们沉积出内心的丰盛和自足，也为后人传递着触手可及的精神财富。万科地产与都易设计，共同为无锡完成了又一个关于"江南"的心愿。

# 设计的风度：佛山西江悦
## WEST RIVER TOP-CONDO

横向线条和窗洞口的丰富变化，为大体量的建筑带来活跃的韵律感。内敛的结构体系与外凸的装饰构件，如同百年前的西洋领馆，精准地描述着建筑使用者的身份和智慧。

建筑细节

工程档案
Project Credits

项目名称:佛山万科美的西江悦
项目类型:高层住宅
项目位置:佛山西江新城
业主单位:万科地产佛山公司
建筑设计:上海都易建筑设计有限公司
设计总负责:杨锋
占地面积:97 157 平方米
建筑面积:390 000 平方米
建筑高度:< 100 米
容 积 率:3.0
绿 化 率:30%
设计周期:2017

西江悦社区广场

## 使馆都会风格
EMBASSY METROPOLIS STYLE

当万科邀请都易为中国南方之城佛山设计一座全新社区之时，双方都意识到这将是一个雄心勃勃的项目。这片场地位于堪称"广佛西外滩"的西江畔，周边规划了地铁 2 号线、机场新干线、有轨电车以及广明高速等便捷的交通设施，更重要的是，39 万平方米的建筑面积的巨大开发体量极易产生城市格局上的影响力。这就要求建筑师在规划设计上的一笔一线，都必须谨慎而精准。

南北气候不同，社区的面貌理应有所差异，如果说都易的名作"杭州海上明月""无锡北门塘上"代表着一种"新江南"情缘，那么在佛山西江新城这片"山水智都"，都易带来的则是向岭南气候和文化致敬的"都会使馆风格"。使馆风格可以理解为基于新古典主义和 Art-Deco 的都会风格语言基础上的高阶进化。

具体说来，在规划布局上，整个建筑群保持严谨的对称，百米中央轴线与两边的高层建筑，给人一种纵深的秩序感和归属感，拔地而起、雄伟端庄。轴线化的景观布局增加了社区气势，为回家之路增添了某种仪式感。在建筑立面上，设计以竖向线条为主，用几何图形勾勒出建筑的挺拔端庄，横向线条和窗洞口的丰富变化，则为大体量的建筑带来活跃的韵律感。内敛的结构体系与外凸的装饰构件，如同百年前的西洋领馆，精准地描述着建筑使用者的身份和智慧。

建筑细节的层次感

## 设计的精度
PRECISION DESIGN

西江悦的示范区还展示着建筑师对细节设计的推敲考量。27 256 块干挂石材表达出气宇轩昂的外形气质，而室内空间则是一个精致独特的都会客厅。在秩序规整的前厅中，以金色和深咖啡色为主的色系、全透明的壁灯，配以香槟门框和深色地砖，回应着高端知识阶层对审美的诉求，也精准地描述着建筑使用者的身份和智慧。示范区的设计超越了住宅功能，是社会精英阶层的表达。

示范区主入口以典雅白锈石为主，加以深咖色点缀勾勒，描绘出欧洲贵族的气息，象征着高贵与奢华，而细节上的修饰，更展现出其典雅气质。建筑体量庄严挺拔，归家仪式感油然而生。主入口的景观排布、空间组合、石材纹路、立柱造型深深吸引着人们的目光，结合五个弧形门梁的门洞，尺寸及数量上的协调搭配，让人既不感觉压抑，也不会感觉突兀，造就了舒服的视觉感受。

其新古典主义风格集中体现在华丽的柱式、富有肌理的腰线和装饰线条、有历史内涵的装饰图案和高贵典雅的灯饰。细看石材纹路，不规则中有致地点缀了建筑的典雅风貌。

示范区建筑界面

城市景观

城市界面的延展

# 启航未来：嘉兴万科城市之光
## JIAXING URBAN LIGHTING

南部的合院别墅，不同的户型在严格的模数关系中形成了 S 形的嵌套布局，既
不影响前庭后院的舒适空间，也更加紧凑地实现了都市邻里般的亲和密度。

**工程档案**
**Project Credits**

**项目名称：**嘉兴万科城市之光
**项目类型：**高层住宅、洋房、合院
**项目位置：**浙江省嘉兴市亚太路
**业主单位：**嘉兴万科房地产开发有限公司
**建筑设计：**上海都易建筑设计有限公司
**设计总负责：**杨锋
**占地面积：**88 400 平方米
**建筑面积：**256 300 平方米（含地下面积）
**建筑高度：**≤ 100 米
**容 积 率：**2.0
**绿 化 率：**30%
**设计周期：**2018—2019

# 城市之光
## LIGHT OF URBAN

在很长的一段时间里，人们对于嘉兴这座城市的恰当理解是"上海和杭州的后花园"：此地适合作为第二居所或短期度假颐养，不宜长期定居乐业。然而，步入2019年之后，如果再以这样的观念看待嘉兴，我们也许会错失整个城市未来的发展光芒。

在环杭州湾大湾区的经济一体化前景中，嘉兴的独特区位使它有可能成为长三角经济带上全新的发展极轴，立足杭州湾，接轨大上海，融入都市圈。频繁的高铁车次、通达的高速公路、全新的基础设施，使嘉兴的地位日益提升。嘉兴科技城作为城市未来的副中心，是一片充满想象力的热土。

虽然万科已经在嘉兴开发了二十多个楼盘，其中已经交付的也有近十个项目。但紧邻嘉兴科技城的"城市之光"地块，却承载着特殊的价值和意义，使其在开发和设计上必须得到最高程度的重视。

这是一个承上启下的关键地块，它让嘉兴科技城真正变得完整，东至丰桥港、南至规划横五路、西至亚太路、北至规划横三路。随着亚太路的打通，北区和南区之间的界限变得非常模糊，彼此连在一起成为科技城的整体脉络，为嘉兴"东部新城"和城市商业枢纽提供源源不断的社区动力。在建的湿地公园正好就在万科地块对面，镶嵌在商务区中的休闲景观，增添了场地的遐想空间。

城市界面

从城市向社区的过渡庭院

## 都会布局
METROPOLIS PLANNING

在美好的期待中，场地本身的规划和建筑产品的打造，成为万科和都易共同完成的第一任务。

与都易为万科带来的多个"TOP 系"产品一样，城市之光的产品定位也与都会主义的设计思路不谋而合。万科的"城市之光"主打高知社区，为未来在科技城工作的精英社群提供高品质的居住保障。项目如同整个片区未来开发的"灯塔"。正在从边缘起步的科技城北区，会因为"城市之光"的出现而变得更加自信。

与以往获得成功的多个"都会风格"项目一样，都易在城市设计上的出发点在于，从 5000 米范围内的城市关系入手来进行社区规划。从地块南侧 1000 米外的大悦城、南湖实验学校，到地块东部 2000 米外的大桥中心公园，整个城市的肌理会对地块内部的布局产生微妙的影响。

都易设计团队将地块内最高的建筑布局于西侧和北侧，而东侧配合水系则适当放低。西侧 5 座高层塔楼形成了连续的城市界面，与城市主干道亚太路形成良好的尺度关系。当西侧的城市主界面形成稳定格局之后，地块内的南北景观轴线巧妙地进行了东移，以便配合东区水景的布局，使东侧和南侧的水景，得到最大限度的景观价值利用。

项目在北侧高层与西侧高层相交的地块西北角位置，形成两个天际轴线的交汇，在这里布置示范区的意图，在于放缓空间节奏，在城市主干道的路口形成"都市广场"一般的让渡空间，并且为未来的社区商业运营留下伏笔。

# 空间秩序
## SPACE ORDER

**东侧中央轴线：宏观尺度**｜由于西侧布局高层建筑的限制，整个社区最主要的中央轴线被配置在东侧两组小高层洋房建筑之间，沿南北展开，在每个组团四座单体建筑的交汇处，均配置了空间景观节点。轴线的最北段以一座20层的高层塔楼坐拥端点，成为中央轴线的制高点。

**西北角示范区：中观尺度**｜整个地块的示范区位居西北一角，其目的是与城市形成更好的对话关系，并在有限的区域边界内加强都会风格特有的强烈秩序感。示范区的会所建筑与其后的两座高层塔楼被巧妙地组织在一起，形成前场与后场的层次关系。建筑群在东西和南北两个正交方向上形成清晰的轴线和丰富的空间节点与路径。建筑的色彩沉稳有力，古典气质的入口广场与四面围合的中央庭院形成空间上的递进关系，让到访者感受到都会风格的尊贵格局。

**南侧合院别墅：微观尺度**｜与市面上常见的合院别墅不同，嘉兴万科城市之光的合院区域除了保证各个户型自有的私密性之外，在彼此连接的到访空间上，也形成了与都会风格宏观轴线相呼应的微型格局。例如，S形院落之间嵌套的南北小径，犹如古代江南市集的巷道空间，四面通达，纵横有序，在步行尺度的适宜之中，又能够形成环环相扣的景观节点，将都会风格从宏观引向末梢。

**工程档案**
**Project Credits**

**项目名称:** 上海万科青藤公园
**项目类型:** 高层住宅,叠排合院
**项目位置:** 上海闵行区吴泾镇,龙吴路东侧,紫龙路北侧
**业主单位:** 上海万科房地产有限公司
**建筑设计:** 上海都易建筑设计有限公司
**设计总负责:** 杨锋
**占地面积:** 71 552.1 平方米
**建筑面积:** 185 238.22 平方米
**建筑高度:** ≤ 60 米
**容 积 率:** 1.8
**绿 化 率:** 35%
**设计周期:** 2018—2019

示范区西立面

# 城意街区: 上海青藤公园
## SHANGHAI QINGTENG PARK

为了使项目各部分之间形成"社区邻里"关系,建筑师引入了街巷坊的空间序列,在秩序上形成"两街四巷十坊"的结构。"街巷坊"的层级化布置,形成多级公共、私密和半私密的空间序列,元素间保留了自己的特性,与此同时又持续重复相互影响。

上海的西南片区一直是以居住功能为主的开发导向，从莘庄到闵行，连绵起伏的居住社区为这个城市的常住人口提供了家的栖所。如今，这个区域向南延展，在申嘉湖高速和黄浦江南段交界的吴泾区域，一片全新的社区正在设计规划之中。

在过去二十年里，西南区域的社区大多形成了以大型小区组团为中心的规划模式，商业空间点缀其中，慢行的车道和较低的密度，使其与上海摩登都市的整体形象很难形成关联。如今，全新的社区面临两个基本的设计起点和矛盾：其一，如何进一步提升居住的密度，并且不影响稳定的社区氛围？其二，虽然在郊区，但如何营造与中心城区相呼应的都市感？都易设计用其最擅长的方式来解决这两个矛盾。

在规划布局上，考虑到基地周边片区有宝龙广场、万乐城、置业广场等商场环绕，小学、医院等生活配套齐全，用地现状满足运营开发要求。设计从"城市整体"的界面出发，将商业空间延伸至小区周边，商业裙房集中环绕布置在基地西侧，充分利用龙吴路过来的客流量，用地北侧集中布置住宅塔楼。看似传统对称布局的设计，在"街区式住宅"策略的引导下做出了很多新的尝试。高层住宅散置在基地四周，为整体社区减小日照压力的同时起到围合的作用，形成了"大都会风格"所坚持的围合感和轴线感。四栋作为保障房的点式高层塔楼，形成强烈的都会印象。低层高品质住宅则通过叠拼和 L 形布局形成次级的院落，放置在住宅用地的中央片区，促进了社区空间等级的层次感。

鸟瞰规划图

社区鸟瞰图

在上海青藤公园，由于拿地条件和政府期望，示范区的四座塔楼被限定为社会保障房和万科自持的长租公寓，这就使得整个组团必须以更严格的成本、更统一的形态加以限定。这种限定理论上会损失视觉的新意，而最大的矛盾在于：此处恰恰也是示范区，是整个社区最能够展现视觉创新要素的场所。这种情况构成对建筑师意想不到的考验和挑战。

如果放眼伦敦和纽约的都市街区，这种矛盾其实并不少见，尤其对于时尚品牌店：一方面，地段和人气的需求，迫使它们选择老街区开店；而同时，老街区的旧建筑不容侵犯，必须在保持古典轮廓和立面格局的前提下进行创新，所以我们看到很多历史街区中的时尚店面，其实采用了"微创新"的手法进行设计。

本案面对的问题也是如此，格局不变，结构不变，古典的三段分位也是基本的准则，但是立面上又得做出与众不同的新意，满足整个楼盘的展示和营销诉求，建筑师必须拿出新的手法。

高层正透视图

都易在青藤公园展示中心的做法与欧美都市街区的奢侈品旗舰店的做法类似，但显然是在不增加造价的情况下呈现了全新的视觉体验。建筑的横向三段用三层通高的玻璃和铝合金型材框架来投射出内外连贯的都市意向；一层沿街界面的干挂陶土红砖被嵌入渐变肌理的玻璃砖，在夜间呈现飘浮通透的时尚美学；建筑的顶部和左右两翼，则延续着古典比例的构图原则，低调地实现视觉中心与两侧高层塔楼的过渡连接。

万科将这片社区取意"青藤公园"，一方面是出于近在咫尺的上海交通大学、东华大学等校区分布，向美国"常春藤"盟校的文化环境致敬，希望通过知识社区来引航未来；另一方面也是回应这片环境是城市发展的新区所致，处于青藤一般的生长阶段，有潜质，也有韧性。

作为景观设计上的回应，合欢树、大草坪，与建筑本体的红砖构成了浓郁的学院气息。建筑师和景观设计师特别营造了适合步行和休憩阅读的线性景观步道，布置了通长连续的长椅，连接着不同的组团和城市空间，使这片社区的空间成为整个区域的休憩、社交的引擎。人们可能因为学院而来到这里，也可能因为景观氛围的宁静雅致而被吸引。

示范区大堂正门

为使项目各部分之间形成"社区邻里"关系，建筑师引入街巷坊空间序列，在秩序上形成"两街四巷十坊"的结构。"街巷坊"的层级化布置，形成多级公共、私密和半私密的空间序列，元素间各自保留了自己的特性，与此同时又持续重复相互影响。层次分明的社区级院落，围合出尺度适宜的邻里院落，在保证私密感的同时提供亲切怡人的交往空间。邻里间的冷漠由此被打破，重现了传统邻里的居住相处模式。

在满足规划条件和建筑组团的开发需求之后，景观的秩序为整体社区的氛围起到了积极的作用。以形象礼仪轴和公共生活绿轴为设计核心贯穿整个社区， 整体采用十字景观轴线规划方式，礼序景观轴打造归家尊享体验，塑造生活情趣。

社区广场夜景及大堂外立面设计

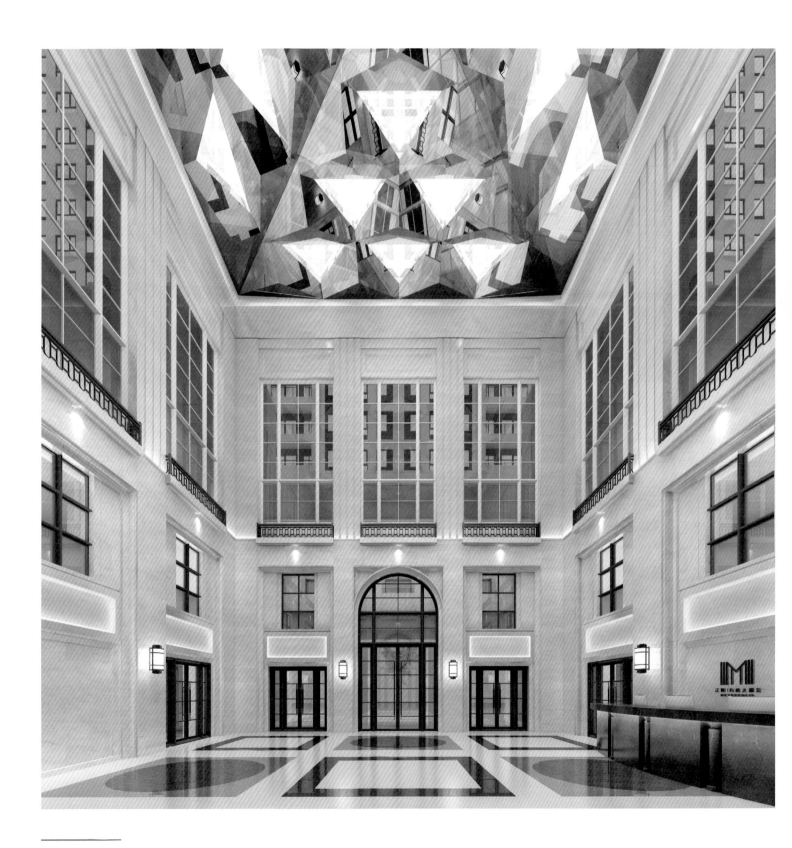

示范区大堂

**工程档案**
**Project Credits**

**项目名称:** 江阴万科大都会
**项目类型:** 高层住宅, 洋房
**项目位置:** 江苏省江阴市虹桥南路芙蓉大道交界
**业主单位:** 无锡万科房地产有限公司
**建筑设计:** 上海都易建筑设计有限公司
**设计总负责:** 杨锋
**占地面积:** 60 267 平方米
**建筑面积:** 150 664.95 平方米
**建筑高度:** ≤ 80 米
**容 积 率:** 2.5
**绿 化 率:** 35.85%
**设计周期:** 2019

# 一体化设计与创新：江阴万科大都会
## JIANGYIN VANKE METROPOLIS

都易设计的第十座大都会风格的示范区，这次有何等程度的创新和突破？

任何产品历经迭代，进化到更为高级的阶段，往往趋向去不同组件的高维整合。豪华汽车、精密手表、私家邮轮，无不如此。在都易的研究视野中，大都会风格的建筑设计历经百年进化，也必须达到更为一体化的整合高度。

建筑师的角色不仅仅是设计的"演员"，更像是空间的"导演"，完成着复杂的协调与整合。

这种整合的"设计力"在都易新作江阴万科大都会中得到了再一次的验证：经典的都会风格从示范区大堂外部传递到内部，表达在石材与玻璃的比例和细节之中，而创新之处在于"抬望眼"，在高达15米的展示空间顶部，都易设计采用镜面不锈钢钻石几何切割的方式，悬挂起一番别样的都市风景，暗示着"都市"对于城市社区的牵引力。尤其是照明设计，被建筑师细腻地整合在空间自上而下的不同层次，唤醒了新一代大都会风格对时尚的呼应。

江阴大都会设计最核心的突破，在于建筑师将立面的语言、装饰的细节、照明的设计、材质的选配，整合在一个"高度一体化"的设计解决方案之中，为客户呈现出极致的完成度。

# 访谈：都会风格与城市未来
## INTERVIEW: METROPOLIS STYLE AND CITY FUTURE

都易设计总经理、总建筑师杨锋

### Q1：您如何看待未来五年城市住宅的发展趋势？

**杨：** 如果站在地产开发的角度看，至少有两个趋势是明显的：一是都市可供开发的地块面积在收缩，说得通俗点儿就是"大盘变小盘"，但容积率会相应提高；二是城市中心区的价值再生。过去二十年的城市开发是相对粗犷的，现在中心城区的土地价值提升了，有很多地块值得"缝补"和"再次开发"，会给未来带来一些机会。这两个趋势带来的共同结果，就是开发项目的功能复合性更高，对城市的意义更大，或者说城市对新开发项目的标志性要求也更高。

### Q2：您近期在一些演讲中提到"都会风格"，是否可理解为新趋势对建筑设计的影响？

**杨：** 是的，开发环境和要求的变化，对建筑设计的影响是非常直接的。

只要都市中心区域或者新城的中心区域能够保持整体环境品质的不断提升，并且有足够的人气，那么这里新楼盘的开发密度和价格都会继续升高，对品质感和标志性的要求也会更高。

而在建筑风格的审美上，过去常用的形式，例如，装饰艺术（Art Deco）或新古典主义，可能不能再适合这样的变化。为什么这样说呢？过去的住宅设计，从形式上说是局限在"小区"范畴的，而新一代的都市社区，需要树立在城市尺度上的形象。于是我们和一些客户共同研究"都会风格"，以直接应对未来都市中心区域的价值需求。

当然，都会本身就是包容的，人们聚集到城市里面来生活，这本身就有一些多元性。以"都会"二字取名的设计理念，它不仅是设计美学的问题，也是对这个时代生活方式的回应。它的核心价值代表着高效、便捷、时尚、自信、进取的都市生活格调。

### Q3：如何更具体地理解您说的"都会风格"？

**杨：** 其实都会风格并非完全是新生事物。它的起源可追溯至 20 世纪初期，以纽约和芝加哥为首的美国都市超越欧洲传统城市。例如当时的纽约，在城市建筑的密度、高度、技术手段上达到世界的顶峰，建筑的形制上也产生出它的独特性和标志性，当时叫作"大都会风格"。

我们对"都会风格"的设定是，它既保留了欧洲古典主义的美学比例，又结合现代生活方式进行了空间布局和立面装饰上的精简和转化，它比古典主义更简洁，比现代风格更厚重，是一眼可辨识的高品位的建筑风貌。

步入 21 世纪之后，世界城市化的中心转移到中国。随着中国城市居民文化素质和审美水平的提升，中国的国情是进入了一个更富裕、更有品位的阶段，所以我们判断都会风格会在这个新的历史时期再次得到重视和发展。

## Q4：所以说"都会风格"还是与我们这个时代相呼应的？

杨：是的。每个时代都需要向前看，但也需要一定程度上的经典传承。也有人认为未来的城市化主流面貌是极简、动感的现代风格，但是我们也看到，适当的装饰、经典的比例，应该是人类本身的一个心理需求，服装、汽车、腕表，无不如此，建筑也应该这样，只是如何取舍，如何与时代呼应，是个学问。

在罗伯特·斯特恩设计的杭州万科大都会 79 号、上海万科翡翠滨江二期等项目中，我们都可以看到这个风格的成功运用，它的布局出发点不是日照间距或消防环线的控制，而是在更大的城市尺度上保持了强烈的秩序张力，同时也在强调"出则繁华，入则享静"的高端栖居的体验。

## Q5：在具体的设计实践中，如何实现一个高品质的都会风格，您有哪些心得？

杨：从客户的要求，结合我们自身的实践，我感觉有三个方面特别重要。

一是规划层面，要把握住街区感和边界性。都会风格的项目，在最初的规划环节，就不能只从地块本身来考虑，而是要从两三千米甚至更大的城市范围来决定建筑的布局，强调一种天际线的感觉。在总平面上，它的规划界面要非常完整，有属于自己的集中度，不是像普通住宅按强排方案调整而来。在连廊和大堂等位置，都会风格会更注重彼此的连接而不仅仅是装饰。内部交通流线组织和功能分区本质上还是现代的逻辑。

二是建筑尺度，主要体现在建筑立面上的尺度感和设计功力。比

起装饰艺术（Art Deco）或新古典主义，都会风格更加厚重，更有实体感（在某种程度上也意味着更有价值感）。例如，立面的开窗会比古典主义更大一些，以迎合现代生活的使用需求，但窗间墙的尺度也随之增大，保持一个完整的比例。在建筑立面的整体方面，都会风格也会强调"垂直感"，不同之处在于装饰艺术可能用很多线条来表达垂直感，都会风格会更精练，用更少、更有力量感的线条来表达都市的挺拔。

第三方面是细节，也就是内部细节和近人尺度的设计。由于建筑本体的装饰成分会比古典主义更精练，这就要求在仅有的细部方面必须更加经得起推敲。例如，灯具和门拱，在材料和细节的设计上必须显得非常考究。让这些精准的细节能够与大的格局相呼应。这一点很像现在奢侈品的设计趋势，整体的装饰数量在减少，可能只剩一个纽扣，但这个纽扣必须非常精致。

## Q6：都会风格在未来是否存在继续演变的可能性？

杨：我们看到很多都会风格的实例已经引起了市场的强烈共鸣，在未来，这样的案例会更加多，并且存在很多种演变的可能性。

我们说都会风格的核心是城市，它的一个非常本质的理想是帮助城市中心进一步建立起自身的标识。而城市是一个复杂的肌体，不同的城市、不同的地理气候条件和历史传承，会产生非常大的差异，所以，理论上说，都会风格需要针对不同的城市进行"定制"。例如，我们在江南名城无锡创作的"中式都会风"，它带有一定的中国元素和江南文化格调；我们在广东佛山设计的"使馆都会风"，如同百年前的西洋领馆，回应着高端知识阶层对审美的诉求。总之，我们在不同的实践中会演变出不同的解决方案。

最后我想总结非常重要的一点，就是要从规划、建筑、结构、景观、室内等多专业的视角来整体理解都会风格，只有这样才能实现整体的界面感。为什么有些楼盘品质不到位，就是缺乏这种"一体性"。都易设计在近期的几个项目中，逐渐开始扮演为客户控制整体效果的角色，也就是我们常说的"一体化设计"，本质上与建筑师负责制也是一致的。这样做的结果其实是获得一种成本上的更优化的解决方案，也具备更广泛的适应性。都会风格必须在这种完整的思考中才能做到极致。

注：本文为《时代楼盘》杂志 2018 年对都易总建筑师杨锋先生的专访，话题围绕都会风格与城市社区的关系，是本书立意的前提。感谢本书研究顾问艾侯先生对全文的摘录和提炼。

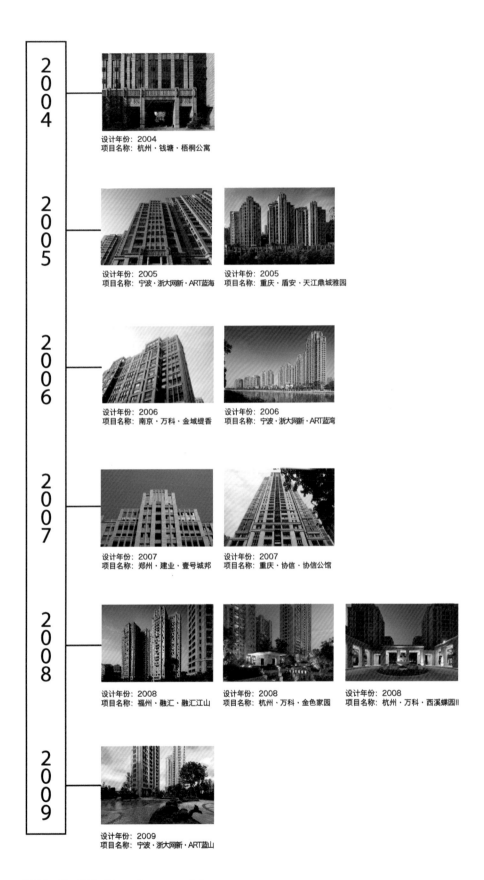

2004

设计年份：2004
项目名称：杭州·钱塘·梧桐公寓

2005

设计年份：2005
项目名称：宁波·浙大网新·ART蓝海

设计年份：2005
项目名称：重庆·盾安·天江鼎城雅园

2006

设计年份：2006
项目名称：南京·万科·金域缇香

设计年份：2006
项目名称：宁波·浙大网新·ART蓝湾

2007

设计年份：2007
项目名称：郑州·建业·壹号城邦

设计年份：2007
项目名称：重庆·协信·协信公馆

2008

设计年份：2008
项目名称：福州·融汇·融汇江山

设计年份：2008
项目名称：杭州·万科·金色家园

设计年份：2008
项目名称：杭州·万科·西溪蝶园II

2009

设计年份：2009
项目名称：宁波·浙大网新·ART蓝山

**历年作品| Projects List**

**2010**

设计年份：2010
项目名称：青岛·跃龙升·蓝山湾

设计年份：2010
项目名称：成都·华润·二十四城IV

设计年份：2010
项目名称：吴江·亨通·长安府

设计年份：2010
项目名称：合肥·钱塘·金色梧桐

设计年份：2010
项目名称：福州·顺华·勃朗郡

设计年份：2010
项目名称：福州·顺华·玛歌左岸

设计年份：2010
项目名称：上海·绿地·新里米兰公寓

**2011**

设计年份：2011
项目名称：广州·万科·欧泊

设计年份：2011
项目名称：清远·万科·华府

设计年份：2011
项目名称：广州·万科·欧泊小学

设计年份：2011
项目名称：淮南·民生·淮河新城

设计年份：2011
项目名称：郑州·建业·贰号城邦

**2012**

设计年份：2012
项目名称：南昌·万科·万科城I

**2013**

设计年份：2013
项目名称：南昌·万科·万科城IV

设计年份：2013
项目名称：徐州·万科·淮海天地

设计年份：2013
项目名称：郑州·锦艺·金水湾

设计年份：2013
项目名称：广州·万科·南方公元

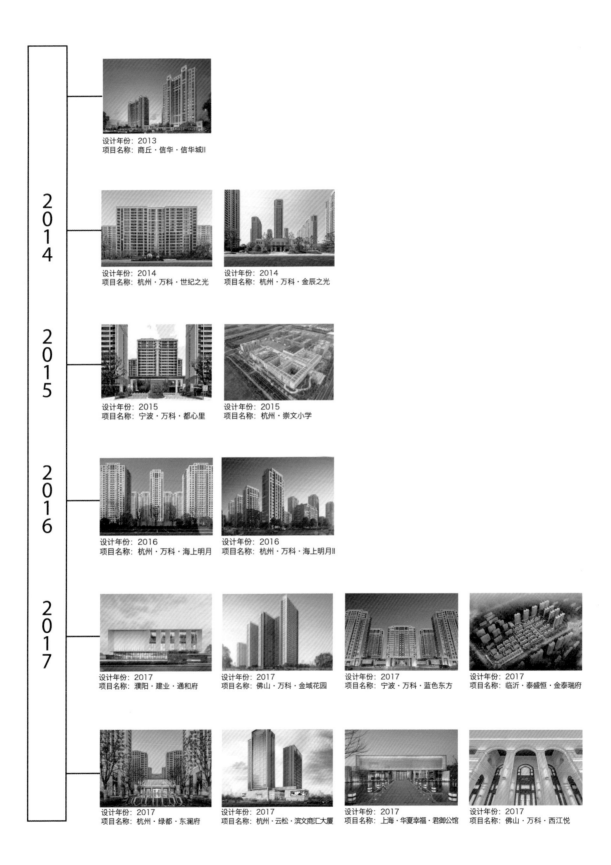

2
0
1
4

2
0
1
5

2
0
1
6

2
0
1
7

设计年份：2013
项目名称：商丘·信华·信华城II

设计年份：2014
项目名称：杭州·万科·世纪之光

设计年份：2014
项目名称：杭州·万科·金辰之光

设计年份：2015
项目名称：宁波·万科·都心里

设计年份：2015
项目名称：杭州·崇文小学

设计年份：2016
项目名称：杭州·万科·海上明月

设计年份：2016
项目名称：杭州·万科·海上明月II

设计年份：2017
项目名称：濮阳·建业·通和府

设计年份：2017
项目名称：佛山·万科·金域花园

设计年份：2017
项目名称：宁波·万科·蓝色东方

设计年份：2017
项目名称：临沂·泰盛恒·金泰瑞府

设计年份：2017
项目名称：杭州·绿都·东澜府

设计年份：2017
项目名称：杭州·云松·滨文商汇大厦

设计年份：2017
项目名称：上海·华夏幸福·君御公馆

设计年份：2017
项目名称：佛山·万科·西江悦

## 历年作品| Projects List

设计年份：2017
项目名称：绍兴·万科·大都会

设计年份：2017
项目名称：杭州·万科·城市之光

设计年份：2017
项目名称：徐州·万科·四季连城/拾光

设计年份：2017
项目名称：无锡·万科·北门塘上

设计年份：2017
项目名称：佛山·万科·翡翠江望

**2018**

设计年份：2018
项目名称：无锡·万科·公园大道

设计年份：2018
项目名称：郑州·华侨城·一期

设计年份：2018
项目名称：巩义·建业·春天里

设计年份：2018
项目名称：临沂·泰盛恒·金泰华墅

设计年份：2018
项目名称：佛山·万科·京都荟

设计年份：2018
项目名称：上海·万科·青藤公园

设计年份：2018
项目名称：嘉兴·万科·城市之光

**2019**

设计年份：2019
项目名称：常州·万科·皇粮浜地块

设计年份：2019
项目名称：广州·万科·幸福誉/X5

设计年份：2019
项目名称：安阳·建业·通和府

设计年份：2019
项目名称：无锡·万科·大都会

设计年份：2019
项目名称：徐州·万科·客运北站地块

设计年份：2019
项目名称：苏州·建发·吴江地块

设计年份：2019
项目名称：无锡·万科·四季雅苑

## ·2010 年

中国最具影响力品牌设计机构
中国建筑设计市场排行榜人均效率榜 季军

## ·2011 年

【詹天佑设计奖·重庆·优秀建筑设计·金奖】：重庆·协信·协信公馆
【詹天佑设计奖·重庆·优秀环境设计·金奖】：重庆·协信·协信公馆
【詹天佑设计奖·重庆·优秀规划设计·银奖】：重庆·协信·协信公馆
中国建筑设计市场排行榜人均效率榜 冠军
中国最具商业地产合作价值设计机构
第六届金盘奖·年度最佳公寓·第一名：杭州·万科·西溪蝶园 II

## ·2012 年

CIHAF 设计中国·高端住宅设计优胜奖：广州·万科·华府

## ·2013 年

第八届金盘奖·年度最佳公寓：广州·万科·欧泊
万科集团最佳项目表现奖：广州·万科·欧泊

## ·2014 年

金拱奖·最宜居设计金奖：广州·万科·欧泊

## ·2015 年

第十届金盘奖·年度最佳人气奖：郑州·建业·贰号城邦

## ·2016 年

第十一届金盘奖·年度最佳预售楼盘：杭州·万科·世纪之光
第十一届金盘奖·年度最佳综合楼盘：广州·万科·欧泊

## ·2017 年

【万科集团】十年合作奖
【锦艺集团】2017 年度最佳设计服务商
佛山万科最佳作品奖：佛山·万科·西江悦
第三届 REARD 地产设计星·佳作奖：佛山·万科·西江悦
金盘评星·五星级楼盘：佛山·万科·西江悦

## ·2018 年

【万科上海区域】A 级供应商
【无锡万科】精工品质奖：无锡·万科·北门塘上
第十三届金盘奖·年度最佳预售楼盘：无锡·万科·北门塘上
第十三届金盘奖·年度最佳预售楼盘：佛山·万科·西江悦
第十三届金盘奖·年度最佳住宅：杭州·万科·金辰之光
地产设计大奖·中国·优秀奖：无锡·万科·公园大道（示范区）

## ·2019 年

第十四届金盘奖·河南、河北赛区最佳预售楼盘：濮阳·建业·通和府
第十四届金盘奖·江苏赛区最佳预售楼盘：无锡·万科 ·公园大道
第十四届金盘奖·上海赛区最佳预售楼盘：上海·华夏幸福·君御公馆
第四届 REARD 地产设计星·佳作奖：嘉兴·万科·城市之光
第四届 REARD 地产设计星·佳作奖：上海·华夏幸福·君御公馆
第四届 REARD 地产设计星·金奖：杭州·万科·随园嘉树（海月）

# 都易荣誉 AWARDS

感谢全体都易伙伴们
为中国城市建筑做出的专业贡献和不懈努力，
都易与大家共同前行

| 2004 年—2019 年 |

131

# 都易团队
## OUR TEAMS

| | | | | |
|---|---|---|---|---|
| 刘念 | 聂友元 | 陈珵 | 刘云飞 | 杨天智 |
| 胡浩进 | 李拓栋 | 邢晓华 | 顾金陆 | 彭旭 |
| 宋小超 | 周伟 | 赵光亮 | 苏敦平 | 孙猛 |
| 徐钦勇 | 盘运疆 | 张鹏飞 | 张轩 | 骆志远 |
| 凌云琪 | 庞晓伟 | 鞠海鹏 | 金增长 | 陈勇平 |
| 罗晟 | 赵钊 | 蒋唯楚 | 张博文 | 李涛 |
| 程肖鹏 | 王晓妤 | 吴斯 | 林烨 | 王露 |
| 钟思成 | 王正贵 | 孙祥泰 | 王唯龙 | 冀晓庆 |
| 魏德杰 | 梁新苑 | 陈明伟 | 陈秋雯 | 袁灵炜 |
| 孟新淼 | 许卓尉 | 张国存 | 谢再飞 | 熊强 |
| 林舵 | 陈慧慧 | 王昕 | 刘驰阳 | 王三伟 |
| 岳览 | 许健辉 | 苏坛洪 | 霍亚蒙 | 阳成 |
| 蔡渊臻 | 冯佳宁 | 史博丰 | 高鹏飞 | 雍友 |
| 蔡志远 | 肖玉霜 | 任昊 | 熊天宇 | 俞杰 |
| 陈一龙 | 郭子良 | 赵堃 | 王慧 | 贺建 |
| 陈鄞妍 | 杨乐 | 范杰 | 张昊 | 张路路 |
| 黄炫龙 | 包宽伟 | 李德志 | 胥嘉德 | |
| 官艳 | 黄伟能 | 刁杰 | 张挺 | |
| 陈瑞华 | 苏炯 | 鲁斌 | 李阳 | |
| 袁立军 | 刘芃 | 陆孝昆 | 马志强 | |
| 王姗姗 | 范同同 | 汤夔超 | 沈晓 | |
| 孟杰伟 | 陈运平 | 翁斐 | 孙迅 | |
| 王牧宁 | 梁静蕙 | 朱新垚 | 姚磊 | |

| | |
|---|---|
| 杨锋 | 黄佳伟 |
| 齐丹丹 | 曹洪强 |
| 何献敏 | 陆斌 |
| 李晨 | 薄玄 |
| 陈宇清 | 姜俊敏 |
| 江元旦 | 王超 |
| 赵亚东 | 邓高杰 |
| 汤其祥 | 盖宇翔 |
| 钟德文 | 王金 |
| 严磊 | 许山 |
| 孙安顺 | 易泽洋 |
| 顾夏虹 | 张彩霞 |
| 程晓培 | 邓文钦 |
| 高婕 | 毛英佳 |
| 韩磊 | 先渝川 |
| 李静 | 马忠凯 |
| 金媛媛 | 杨顺晖 |
| 徐镇 | 孙寒友 |
| 梁全 | 刘文婷 |
| 孙福云 | 竺轶凡 |

# 关于都易
## INTRODUCTION

都易设计是国内领先的地产设计机构，也是万科集团最长期的合作伙伴之一。都易的设计擅长将建筑美学、场所体验、文化特质与产品效率紧密结合，为客户带来超高附加值的设计作品。十五年来，都易的作品囊括多个中国地产建筑的高级奖项，在多个城市赢得了极佳的市场声誉。

上海都易设计是中国最具价值执行力的建筑设计公司之一，2004 年创立于上海。自创立之日起，都易团队就以通过高品质设计促进地产开发产品价值提升为自身使命，耕耘至今。

都易长期服务于**万科、建业、金地、建发、华夏幸福、绿地、华润**等国内大型地产开发集团，并与万科形成深度战略合作关系，累计为万科完成作品 41 个。都易的建成作品分布在上海、杭州、广州、南京、重庆等全国 40 余个重要城市，累计完成建筑面积逾 2 000 万平方米，为近百万城市居民带来居住和商务空间的升级改善。

在十多年的发展历史中，都易逐步建立了自身完善的客户服务体系和品牌战略体系，并演变为与大客户共同研发、不断进取的合作格局。

上海都易凭借在地产开发领域的优势积累，被客户誉为"地产开发设计专家"。当代中国社区面临的各种开发矛盾和使用问题，皆在都易团队的视野和实践范畴之内。在首席建筑师杨锋先生的带领下，都易的研发团队目前能够在立面成本控制、品质精细化服务、示范区设计、地库优化、外立面优化、特色标识等领域提供高效的专项服务，为客户实现高附加值的产品。

·公司官网·

**www.dotint.com.cn**

·联系电话·

**86-21-32503750**

·公司微信公众号·

**Hi 都易**

**图书在版编目（CIP）数据**

大都会风格与设计创新 / 杨锋编著 .—桂林：广西师
范大学出版社，2020.1
ISBN 978-7-5598-2291-8

Ⅰ . ①大… Ⅱ . ①杨… Ⅲ . ①建筑设计 Ⅳ . ① TU2

中国版本图书馆 CIP 数据核字 (2019) 第 222534 号

出 品 人：刘广汉
责任编辑：肖 莉
助理编辑：冯晓旭
装帧设计：六 元

广西师范大学出版社出版发行

（广西桂林市五里店路 9 号 邮政编码：541004）
（网址：http://www.bbtpress.com ）
出版人：黄轩庄
全国新华书店经销

销售热线：021-65200318 021-31260822-898

恒美印务（广州）有限公司印刷

（广州市南沙区环市大道南路 334 号 邮政编码:511458）

开本：889mm×1 194mm 1/12

印张：11⅔ 字数：140 千字

2020 年 1 月第 1 版 2020 年 1 月第 1 次印刷

定价：188.00 元

在本书的编写过程中，我们尽最大努力与收入本书的图片版权所有者
取得联系，得到了各位版权所有者的大力支持。在此，我们表示衷心的感谢。
但是，由于一些图片版权所有者的姓名和联系方式不详，无法取得联系。
敬请上述图片版权所有者与我们联系（请附相关版权所有证明）。